U0314910

共和国钢铁脊梁丛书

中国冶金地质总局成立70周年系列丛书

中国冶金地质黑色金属勘查70年

铬矿卷

主编　牛建华

北京

冶金工业出版社

2022

内 容 提 要

本书在中国冶金地质总局成立 70 周年之际，系统地回顾和总结了冶金地质 70 年铬矿勘查和科研工作的历史和成果，以铬矿成果集成向总局成立 70 周年献礼。本书分三篇，共五章。第一篇为铬矿资源概述，概述了铬矿性质和我国铬矿资源现状；第二篇为冶金地质铬矿勘查工作，叙述了冶金地质勘查历程，总结了主要勘查进展及科技成果；第三篇重点介绍了冶金地质人勘查的主要铬矿床（矿床地质特征、矿产勘查史）、实施的铬矿勘查项目、铬矿调查评价项目和铬矿科研项目的概况及成果。

本书可供从事铬矿研究的相关人员及院校师生阅读参考。

图书在版编目（CIP）数据

中国冶金地质黑色金属勘查 70 年. 铬矿卷／牛建华主编. —北京：冶金工业出版社，2022. 12

（共和国钢铁脊梁丛书）

ISBN 978-7-5024-9324-0

Ⅰ. ①中…　Ⅱ. ①牛…　Ⅲ. ①铬矿床—地质勘探—中国—纪念文集　Ⅳ. ①P618. 3-53

中国版本图书馆 CIP 数据核字（2022）第 202763 号

中国冶金地质黑色金属勘查 70 年　铬矿卷

出版发行	冶金工业出版社	电　话	(010)64027926
地　址	北京市东城区嵩祝院北巷 39 号	邮　编	100009
网　址	www. mip1953. com	电子信箱	service@ mip1953. com

责任编辑　郭雅欣　张熙莹　美术编辑　彭子赫　版式设计　郑小利
责任校对　梁江凤　责任印制　窦　唯
北京捷迅佳彩印刷有限公司印刷
2022 年 12 月第 1 版，2022 年 12 月第 1 次印刷
787mm×1092mm　1/16；7.5 印张；175 千字；105 页

定价 109. 00 元

投稿电话　(010)64027932　投稿信箱　tougao@cnmip. com. cn
营销中心电话　(010)64044283
冶金工业出版社天猫旗舰店　yjgycbs. tmall. com
（本书如有印装质量问题，本社营销中心负责退换）

本书编委会

主　　编：牛建华

副 主 编：琚宜太

执行主编：仇仲学　陈　伟　田郁溟

总撰稿人：张振福　张志华

编　　辑：贾　耽　王　蕾　晁文迪　陈贺起　王　猛
　　　　　杨海兵　王华青　刘　元　舒　旭　赵　玺
　　　　　李羽峰　胥燕辉　吴继兵　牛向龙　万大福
　　　　　黄树峰　闫　浩　杨　敏　郑　杰

承担单位：中国冶金地质总局西北局

总　序

党的二十大报告指出，增强国内大循环内生动力和可靠性，提升战略性资源供应保障能力，确保粮食、能源资源、重要产业链供应链安全。2022年10月2日，习近平总书记给山东省地矿局第六地质大队全体地质工作者回信，强调了矿产资源是经济社会发展的重要物质基础，矿产资源勘查开发事关国计民生和国家安全。习近平总书记系列重要讲话和指示批示精神，深刻阐明了构建我国矿产资源安全保障体系的紧迫性和重要性，为推进我国资源安全保障工作指明了前进方向、提供了根本遵循，进一步增强了全国地矿工作者的使命感和责任感。

为实现战略性矿产资源从高度依赖进口到生产自给支撑托底，我国已启动新一轮找矿突破战略行动，铁、锰、铬为本轮找矿突破行动中确定的紧缺战略性矿产。系统梳理冶金地质在铁、锰、铬勘查中形成的理论成果，全面总结冶金地质铁、锰、铬勘查成就，对进一步开展我国黑色金属深勘精查，实现找矿突破与安全保障，具有重要的指导意义。

黑色金属是大宗战略性矿产资源，是我国国民经济发展的基础，事关国计民生与国家安全。铁、锰、铬在紧缺战略性矿产中分别位列第二、第五、第六，据有关数据统计，铁、锰对外依存度超过80%，铬矿对外依存度超过99%。我国铁矿资源富矿少，贫铁矿多，难选矿多，自产铁矿石严重不足，供需矛盾突出，对外依存度居高不下。我国锰矿资源较丰富，但小矿多，大矿少；贫矿多，富矿少；难选矿多，优富矿少；开采利用条件差的多，易采的少，绝大部分仍为资源量，尚需开展详查、勘探及开发利用可行性研究工作。我国铬矿资源十分匮乏，区域分布差异明显，查明资源储量少；矿床类型单一，优质资源少，供需关系失衡导致严重依赖进口，进口量逐年上涨。铁、锰、铬资源安全保障形势十分严峻。

中国冶金地质总局在黑色金属勘查方面有着悠久的历史，为国民经济建设提交了丰富的黑色金属矿产资源，为形成鞍本铁矿、冀东及邯邢铁矿、鲁中铁矿、桂西南锰矿、桂中锰矿、湘中锰矿、西昆仑锰矿等一批矿产资源基地作出了重要贡献。截至目前，累计提交的铁矿、锰矿、铬矿分别占我国查明总资源储量的 49.1%、55.3%、33%，为我国成为钢铁大国和以鞍山、包头、马鞍山、黄石、莱芜、淄博等为代表的工业城市的崛起作出了历史性贡献。冶金地质在长期的地质勘查工作中，通过实践和验证建立了铁矿向斜（形）控矿找矿模式，模式的应用累计提交的铁矿资源量超 100 亿吨；建立了"内源外生"锰矿成矿说，构建了中国南方锰矿地质学框架，丰富了全球锰矿地质学科的理论体系；铬矿提出西藏铬铁矿形成—分布受走滑型陆缘构造控制的新认识。

2022 年是中国冶金地质总局成立 70 周年，70 年来，一代代冶金地质人栉风沐雨、薪火相传，发扬"三光荣、四特别"精神，为我国资源安全保障和经济建设作出了重要贡献。尊重历史、尊重事实、总结成果，真实记录冶金地质几代人勘查历程，是冶金地质工作者的殷切期盼，为此，总局党委组织开展了本次《中国冶金地质黑色金属勘查 70 年》的编写工作，旨在全面梳理总结冶金地质黑色金属勘查与科研工作的历史，纪念广大冶金地质工作者的丰功伟绩，激励鞭策当代地质工作者发扬老一辈的奉献精神，为我国地质工作再创佳绩。全书分为铁矿卷、锰矿卷、铬矿卷，每一卷的编纂，都经过编写组、专家顾问组的反复研讨推敲，同时充分吸收原冶金地质系统属地化后兄弟单位的成果及建议，尽管统计工作不完全，文字表达欠华丽，但力争做到资料全面真实、据典可查、简练易懂、图文并茂。

不忘初心，方得始终，《中国冶金地质黑色金属勘查 70 年》作为中国冶金地质总局成立 70 周年特别编纂的图书，凝聚了冶金地质老、中、青三代人的智慧和心血，是冶金地质 70 年来一代代地质工作者无私奉献和突出贡献的重要体现，其资料翔实、内容丰富，综合研究和系统分析科学客观、条理清晰。谨以此序向本书编纂者、顾问组、研阅者及属地化的冶金地质兄弟单位致以崇高的敬意和谢意。

希望冶金地质广大青年技术工作者以老一辈地质人为榜样，坚定理想信念、彰显时代本色、践行初心使命；希望冶金地质广大工作者深刻领悟习近平总书记关于"大力弘扬爱国奉献、开拓创新、艰苦奋斗的优良传统，积极践行绿色发展理念，加大勘查力度，加强科技攻关，在新一轮找矿突破战略行动中发挥更大作用，为保障国家能源资源安全、为全面建设社会主义现代化国家作出新贡献"的重要指示，发挥中央企业初级产品托底作用，全面提升支撑服务国家能源资源安全保障的能力水平。

中国冶金地质总局党委书记、副局长

2022 年 11 月

前　言

　　铬矿属于我国紧缺战略性矿产资源，是关系国家安全、国民经济命脉的关键矿种，也是总局优势勘查矿种和奠定行业地位的基础。为了进一步传承地质工作优良传统，发扬黑色金属勘查优势，积极融入国家"战略性矿产找矿行动"，以实际行动助推我国战略性矿产资源安全保障，在总局成立70周年之际，本着集"大家"之智慧、集局院之力量、集总局之大成的原则，认真梳理回顾冶金地质70年铬矿地勘历程，挖掘其中的珍贵精神宝藏，总结地勘工作创造的物质财富，形成铬矿成果集成专著向总局献礼。

　　2021年8月，在总局领导统筹安排之下，西北局牵头组织铬矿成果集成编撰。首先启动资料收集工作，在总局信息中心、各局院资料室、全国地质资料馆等单位，共收集冶金系统完成的地质报告60余份、科研论文30篇、专著1部（《中国铬矿志》）。收集铬矿其他资料300余份；收集了内蒙古、湖北、陕西、青海、新疆等省区的黑色金属矿产2020年度资源储量简表。之后，根据总局多次会议研讨及文件要求，西北局按照总局提纲要求，组织精干技术力量，编撰冶金铬矿成果集成。2022年8月，总局组织专家对成果集成进行了初审，编写组按照专家意见进行了系统修改完善，以期客观、翔实地反映冶金地质70年的铬矿勘查历程及成果。

　　我国铬铁矿以蛇绿岩型豆荚状铬铁矿为主，成矿专属性很强，主要赋存在蛇绿岩带中，主要分布在我国的中西部。从20世纪50年代起，鉴于国家对铬矿资源的迫切需求，冶金地质队伍在全国开展了铬矿的勘查和科学研究工作，在内蒙古贺根山—索伦山一带，北京密云放马峪，河北承德高寺台，遵化毛家厂，延吉开山屯，安徽歙县伏川，湖北宜昌太平溪，陕西蓝田草坪、商南松树沟，甘肃武山鸳鸯镇、安西玉石山，青海祁连玉石沟、三岔等地开展铬矿地质工作。在工作中不断总结经验，掌握了铬铁矿的赋存规律和找矿方法，共估算资源储量400万吨，其中，表内储量25.19万吨、表外储量15.8万吨、远景储量101.51万吨、预测资源量257.13万吨。1996年冶金部地质勘查总局出版了《中国铬矿志》，是第一部全面、系统地反映我国铬矿资源状况、勘查开发历史和当时现状的志书。

　　21世纪以来，中国冶金地质总局积极参与国家铬矿资源调查评价工作，履行"国家队"职责，发挥冶金在黑色金属的勘查优势，先后实施铬矿中央财政项目 8 个，主要分布于西藏、新疆、内蒙古地区，覆盖铬矿主要成矿带，如班公湖—怒江成矿带、雅鲁藏布江成矿带、内蒙古贺根山—索伦山成矿带等，取得了较好的找矿成果，稳定了一支铬矿勘查队伍，在服务国家矿产资源方面能力不断增强。共完成 1∶20 万遥感解译 8000km²，1∶5 万遥感解译 800km²，1∶5 万区域地质矿产调查 920km²，1∶5 万地质测量 1700km²；1∶5 万磁法测量 1830km²，1∶2.5 万磁法测量 202.06km²，1∶1 万磁法测量 50km²；1∶5 万重力测量 3298km²，1∶1 万重力测量 30km²；探槽 12324.75m³；钻探 1797.92m，坑探 135m；完成经费 4231 万元。共发现铬铁矿体 42 处，铬铁矿点几十处，铬铁矿化点 100 多处，圈定了 15 个找矿靶区，预测铬铁矿资源量 254.66 万吨。2020 年 3 月，中国冶金地质总局矿产资源研究院承担了中国矿产地质志二级项目委托业务"中国黑色金属矿产科学普及研究"，中国冶金地质总局西北局配合中国地质科学院矿产资源研究所共同完成《中国铬、钒、钛矿产志》的研编工作。2020 年底，中国冶金地质总局与自然资源部矿产勘查技术指导中心共同组织了"我国黑色金属矿产勘查形势研讨会议"，西北局研编了《我国铬矿资源安全保障部署建议》，该建议已被国资委采纳。

本书分三篇，共五章。第一篇为铬矿资源概述，概述了铬矿性质和我国铬矿资源现状；第二篇为冶金地质铬矿勘查工作，综述了冶金地质勘查历程、勘查进展及科技成果；第三篇详细介绍了冶金地质铬矿勘查及科研的主要成果，分别论述了冶金地质人主要扎根勘查的铬矿床（铬矿地质特征、主要勘查历史，资料及图件多数出自《中国铬矿志》（1996））、实施过的铬矿勘查项目成果、铬矿地质调查成果和铬矿科研项目成果。

本书是冶金地质 70 年铬矿勘查和科研工作的回顾和总结，旨在体现冶金地质的精神风貌，回顾冶金地质的历史功绩。继承传统，与时俱进，冶金地质将在服务高质量发展的进程中再创新辉煌！

编撰中虽已尽全力收集资料，但资料及成果难免会有不全面之处，敬请谅解。

编　者

2022 年 9 月

目　　录

第一篇　铬矿资源概述

第二篇　冶金地质铬矿勘查工作

第三篇　冶金地质铬矿勘查及主要科研成果

第一篇

铬矿资源概述

第一章　铬的性质及铬矿资源概述

铬矿是我国战略物资之一，也是紧缺战略性矿产资源之一，是国防、太空、可再生能源、智能电动等领域不可缺少的原料，是冶炼不锈钢的重要原料。我国铬矿资源严重短缺，现查明储量不足世界总量的 1%，可利用资源主要位于西藏罗布莎超基性岩带中。

第一节　铬的性质及工业利用情况

一、铬的物理化学及地球化学性质

铬元素是法国矿物化学家福克兰（L. N. Vauquelin，1763~1829 年）在 1797~1798 年间进行化学实验时发现的。

铬（Cr）是一种过渡金属元素，原子序数为 24，在元素周期表中属于第四周期 ⅥB 族，与同副族的钼（Mo）和钨（W）性质相似。

（一）物理性质

铬的原子序数为 24，相对原子质量为 51. 9961。铬属于体心立方晶系。铬有三种同素异形体，即 α-铬、β-铬和 γ-铬，其中 α-铬最稳定。在常温下，β-铬经过 40 天可转变为 α-铬，γ-铬经过 230 天可转变为 α-铬。转变速度随温度升高而加快。

单质铬是银白色金属，性质较活泼，表面易生成氧化物保护膜。铬的密度为 $7. 2g/cm^3$，熔点达 1890℃，沸点为 2482℃（《矿产资源工业要求手册》编委会，2014），铬的熔点是第四周期过渡元素中最高的，而沸点仅稍高于锰，比其他第四周期过渡元素的沸点都低。铬的莫氏硬度为 9，比热容（20℃）为 450J/（kg·K），热导率为 93. 7W/（m·K），电阻率为 $12. 9×10^{-8}Ω·m$（20℃），磁化率为 $3. 6×10^{-6}cm^3/g$。

铬具有高熔点、有韧性、无磁性的特点。铬有延展性，具有很高的耐腐蚀性，但含杂质的铬却硬而脆。

（二）化学性质

铬常见的化合价有 +2、+3 和 +6 价，其中以 +3 和 +6 价铬的化合物较稳定，也最常见。铬的 +2 价化合物通常不稳定，可在空气中氧化成 +3 价，但 +2 价铬的卤素化合物、碳酸盐和磷酸盐可在干燥状态下存在；+3 价铬离子的稳定性较好，但在铬晶体或溶液中都不存在简单的 Cr^{3+}，而是形成 $Cr-O_n$ 配位基团。金属单质铬很少，其主要形态有氧化亚铬（CrO）、三氧化二铬（Cr_2O_3）、三氧化铬（CrO_3）、铬铁（FeCr）及铬酸盐等。

铬的化学性质不活泼，常温下对氧和水汽都是稳定的，但可以和氟作用形成 CrF_3。

铬能溶于盐酸、硫酸和高氯酸，但不溶于浓硝酸，因为表面生成紧密的氧化物薄膜而呈钝态。铬能与镁、钛、钨、锆、钒、镍、钽、钇形成合金。铬及其合金具有较强的抗腐蚀能力。

铬在高于600℃时开始和氧发生反应，但当表面生成氧化膜以后，反应便变慢，当加热到1200℃时，氧化膜被破坏，氧化速度重新变快，到2000℃时铬在氧中燃烧生成Cr_2O_3。高温下，铬与氮、碳、硫等发生反应。

（三）地球化学性质

铬元素为相容元素，也是铬矿中主要的有用元素，其以少量元素的形式存在于地幔中，并以微量元素的形式存在于大陆地壳中。整体而言，铬更倾向于在地幔中富集，地壳中的铬是相当贫化的。据黎彤（1976）统计，地球铬的丰度为$1460×10^{-6}$，地壳中为$110×10^{-6}$，上地幔中为$1600×10^{-6}$，下地幔中为$2000×10^{-6}$，地核中为$660×10^{-6}$。

铬与一些造岩元素和许多微量元素之间有相似的晶体化学性质，如Cr^{3+}和Al^{3+}、Fe^{3+}的离子半径很相近，它们之间可以呈广泛的类质同象，此外，可与铬类质同象代替的元素还有锰、镁、镍、钴、锌等。铬还可以替代一些硅等主要元素存在于硅酸盐矿物中，如角闪石（韭闪石，Cr_2O_3含量高达3.5%）、单斜辉石（铬透辉石，Cr_2O_3含量高达8%）、榴辉岩中的石榴子石和绿辉石（Cr_2O_3含量分别高至4.4%和5.9%）。而地幔中常见的含铬矿物主要为尖晶石、单斜辉石和斜方辉石。

铬具有亲氧性和亲铁性，以亲氧性较强，在还原和硫的逸度较高的情况下才显示亲硫性。在戈尔德施密特的元素地球化学分类中，将铬划归亲石元素或亲氧元素。

铬元素的地球化学性质与其价态有着非常密切的联系，而铬元素的价态又与氧化还原环境相关。铬元素的3个价态Cr^{2+}、Cr^{3+}和Cr^{6+}中，Cr^{2+}一般存在于强还原的环境，但也有研究表明，在缺少铁的体系中Cr^{2+}也可以存在；Cr^{3+}稳定存在于较还原的环境；而Cr^{6+}则存在于极度氧化的环境。在地球浅部地幔中，铬元素一般以Cr^{3+}的价态存在，而Cr^{6+}则可能仅稳定存在于一些流体相中，如出现在地表环境中。Cr^{3+}在地幔橄榄岩中表现为相容元素，在岩石圈地幔发生熔融过程中，Cr^{3+}一般趋向于留在残余地幔矿物中，因此，随着熔融程度的增加，其在全岩中的含量一般也会不断增加。但是相对于Cr^{3+}，Cr^{2+}相容性则较低，当地幔岩石在还原环境时，铬元素在矿物中的存在价态多为Cr^{2+}，发生熔融时，Cr^{2+}会趋向于进入熔体相。Cr^{6+}相对于Cr^{3+}则具有高度的迁移性，极易随热液流体运移。

但也有研究表明，当熔体富含流体时，熔体会具有更多的八面体配位，因为水/流体的存在会降低熔体中硅氧骨架网络的聚合程度，Cr^{3+}具有高的八面体择位能，会提高铬元素在熔体中的含量。Matveev等人（2002）对玄武岩-水不混溶体系在浅部地幔温度压力条件下的实验发现，铬铁矿趋向于进入流体相，而橄榄石（可能还包括其他硅酸盐矿物）则趋向于留在硅酸盐熔体之中，使得铬铁矿与橄榄石也显示类似不混溶的结构，如豆荚状铬矿。

整体而言，铬元素在不同地质和地球化学作用下具有不同的地球化学行为，表现出不同的地球化学性质。

1. 岩浆作用

铬多富集在地壳的超基性岩中。随着火成岩酸度的加大，铬的平均含量迅速下降。超基性岩的含铬量比基性岩高一个量级。纯橄榄岩、二辉橄榄岩、辉石岩和蛇纹岩的铬含量都在 2500×10^{-6} 以上。

世界范围内的原生铬矿主要有层状铬矿床和蛇绿岩型豆荚状铬矿床两种类型，其中层状铬矿床的特点是规模大且分布集中。一般认为，层状铬矿床属早期岩浆矿床，主要由侵位于地壳的玄武质岩浆在岩浆房经结晶分异作用形成（姚凤良 等，2006）。对层状铬矿床的成因和相关实验岩石学研究表明，由于铬元素为相容元素，主要赋存于地幔中，其在热液活动过程中相对稳定，并且基性母岩浆在封闭体系下的结晶过程仅能形成少量的铬尖晶石，正常的岩浆分异结晶很难成矿，因此，铬矿床的形成需要额外的岩浆过程。岩浆化学或物理性质的改变导致其中铬铁矿（铬尖晶石）发生饱和结晶并与液相分离在岩浆房的底部形成了层状铬矿床（陈艳虹 等，2018）。

在铬的地球化学性质里，还需要特别介绍的是与铬成矿专属性相关的镁铁比值 M/F（或者写作 m/f，$M/F=[(MgO)+(NiO)]/[2(Fe_2O_3)+(FeO)+(MnO)]$）。$M/F$ 值对研究基性-超基性岩体成因及其含矿性具有重要意义，不同的 M/F 值，其含矿性不同，对寻找矿产、确定找矿方向具有指示作用。吴利仁（1963）按照 M/F 值将基性-超基性岩分为：镁质（6.5~14）、铁质（2~6.5）和富铁质（<2）三类，与铬矿有关的基性-超基性岩的 M/F 值为 6.5~14（王恒升 等，1978）。严铁雄等人（2014）通过统计发现，豆荚状铬矿产出的成矿专属性很强，含铬超基性岩的 M/F 值通常大于 8。

2. 沉积和风化作用

Cr^{2+} 和 Cr^{3+} 在中性环境下通常是不溶于水的，溶解在河水和海水里的铬大部分是 Cr^{6+}，小部分以 Cr^{3+} 有机物分子络合体存在。Cr^{3+} 氧化成 Cr^{6+} 主要是靠氧化锰，而氧气直接氧化 Cr^{3+} 速率非常慢。Cr^{6+} 再由河水和地下水搬运至海洋，最终和各种沉积物一起埋藏。在搬运和埋藏过程中，部分 Cr^{6+} 会被还原态的铁或者硫化物还原成 Cr^{3+}。还原产物 Cr^{3+} 可以从溶液中沉淀或者直接吸附到其他矿物表面，或者与有机分子络合而保留在溶液当中（王相力 等，2020）。

铬在各类沉积岩中的平均含量一般都比较低，页岩中铬的丰度为 90×10^{-6}，砂岩类为 35×10^{-6}，碳酸盐类为 11×10^{-6}。只有一些特殊的岩层中，有时才出现较高的铬含量。例如，黑色页岩、三水铝土矿、天然石油和砂铬矿层中，铬含量可达到 1000×10^{-6} 以上（姚培慧，1996）。

由于铬尖晶石坚硬而且密度大，在超基性岩和铬矿床发育地区的风化壳内，可以形成有开采价值的砂铬矿床，例如，残积-坡积砂铬矿床、冲积和洪积砂铬矿床，以及海岸砂铬矿床等。在这些砂铬矿床中，以铝铬铁矿和硬尖晶石最常见，其次是镁铬铁矿，铬铁矿（$FeCr_2O_4$）最少见。

但是，在地表强烈氧化条件下，尤其是在碱性介质中，特殊的物理-化学环境可使铬尖晶石发生化学分解，其中的 Cr^{3+} 可转变为 Cr^{6+}。

3. 变质作用

正变质岩中铬的含量明显高于负变质岩，有关变质作用中铬的地球化学行为尚待进一步探讨。

二、铬的工业利用情况

1. 铬的利用情况

2016 年 11 月，经国务院批复发布的《全国矿产资源规划（2016~2020 年）》中，铬被列入了我国的战略性矿产目录清单。美国也是将铬作为关键矿产进行管理，将其列入了 2018 年发布的关键矿产目录清单（陈甲斌 等，2020）。

铬被广泛运用于冶金工业、耐火材料和化学工业及高精端科技等领域。铬矿的总产量中，有 90% 以上用于冶金工业生产铬铁，进而生产各类合金钢和不锈钢，其他不到 10% 的则用于化工及耐火材料等领域，化工领域的应用则集中在铬盐的生产。

在冶金工业领域，铬主要用来生产铬铁合金和金属铬。单质铬性质较活泼，表面易生成氧化物保护膜，常温甚至受热时，可保护内层金属不被氧化，因此广泛用于保护及装饰性铬膜。纯金属铬作为材料应用较少，主要作为合金元素，一般以金属铬或铬铁形式加入合金中，可以用于炼制高温合金、电阻合金、精密合金和其他非铁合金，如镍基合金、电热合金、钴合金、铝合金、铜合金、钛合金等。铬作为钢的添加料，能提高钢的硬度、弹性和抗磁性，增强钢的耐磨、耐热和耐腐蚀性，可生产多种高强度、抗腐蚀、耐磨、耐高温、耐氧化的特种钢，如不锈钢、耐酸钢、滚珠轴承钢、工具钢等，适用于航天、航空、汽车、枪炮、导弹、火箭、舰艇等工业制造。

在耐火材料上，铬可用来制造铬砖、铬镁砖和其他特殊耐火材料。

在化学工业上，可用铬矿加工制造成重铬酸钠、铬酸酐、氧化铬、盐基性硫酸铬等各种铬盐。铬盐作为我国重要的无机化工原料，其系列产品是我国重点发展的一类化工原料，被广泛应用于新型合金材料、电镀、鞣革、染料、木材防腐和军工等领域，香料、印染、陶瓷、防腐、催化、医药等多种行业也有各类铬盐系列产品的应用。铬盐产品涉及国民经济 15% 以上产品种类，是不可替代的重要化工原料。

铬在新兴产业中的应用主要也是围绕在各类新型合金和铬盐产品的开发制造方面。含铬 10%~25% 的超合金主要用于制造喷气发动机、航天机具及材料、火箭发动机和热交换器等。钴铬合金具有高强度、耐腐蚀等性能，作为医用金属材料，适用于制造体内承重植入体，主要用于各种人工关节、人工骨及骨固定，还可用于齿科植入物材料使用。铬盐产业中，用铬盐生产的高附加值氧化铬（Cr_2O_3）被用于储氢材料和太阳能相关材料等领域。

2. 铬的消费状况

2019 年，世界铬矿消费量为 3470 万吨，其中，95.8% 用于冶金工业中生产不锈钢和合金钢，2.5% 用于化学工业，0.2% 用于耐火材料工业，1.5% 用于铸造工业（见表 1-1）。南非、中国和独联体国家是铬矿的消费大国。

表 1-1 2007~2019 年世界铬矿消费量及构成情况

终端用途	消费量/万吨						2019 年消费占比/%
	2007 年	2008 年	2009 年	2010 年	2018 年	2019 年	
冶金工业	2024.9	2232.2	1733.5	2244.6	3228.5	3324.2	95.8
耐火材料	19.3	17.9	19.9	13.9	6.7	6.9	0.2

终端用途	消费量/万吨						2019 年消费占比/%
	2007 年	2008 年	2009 年	2010 年	2018 年	2019 年	
化学工业	109.2	123.9	89.6	99.4	84.3	86.8	2.5
铸造工业	68.8	70.7	47.9	64.9	50.6	52.1	1.5
合计	2240.1	2444.7	1890.9	2422.8	3370.0	3470.0	100.0

资料来源：ICDA，Statistical Bulletin（2018），表中省略了 2011~2017 年度数据。

中国是全球最大的铬矿消费国。据 CRU 及安泰科统计数据，2011 年，中国铬矿消费量突破 1000 万吨（包括铬矿石和折算成铬矿石的中间产品高碳铬铁）；2016 年，中国铬矿消费量突破 2000 万吨；2019 年，中国铬矿消费量已达 2368 万吨，占当年全球铬矿总产量 3628.5 万吨的 65.3%。

从消费结构来看，2019 年，中国主要铬消费领域及占比依次是冶金工业 94.5%、化学工业 2.3%、铸造工业 2.7%、耐火材料 0.5%，与世界铬消费结构差别不大。

铬最大的消费领域是生产铬铁合金，进而生产不锈钢。长期以来，中国铬矿消费量紧跟不锈钢行业的高速发展而同步增长。改革开放后，特别是 20 世纪 90 年代以后，我国不锈钢产业进入飞速发展期，表观消费量从 1990 年的 26 万吨增长到 2002 年的 320 万吨，超过了美国和日本的总和，中国由此成为全球不锈钢第一消费大国。据国际钢铁协会不锈钢协会论坛（ISSF）统计，2014 年后，中国的不锈钢产量一直占世界不锈钢总产量的 50% 以上。至 2019 年，中国的不锈钢产量达 2940.4 万吨，占世界总产量的 56%。

铬盐产业方面，新中国成立前我国铬盐产品全部依靠进口，新中国成立后由于轻纺工业发展，铬盐需求量增大。自 1958 年起，上海、天津和济南等地先后用国产青海矿和越南矿进行小规模土法生产铬盐，至 80 年代初，已发展到 20 余家生产厂。2001 年，我国成为世界铬盐生产第一大国。目前国内还在生产铬盐的企业有十余家，全国的铬盐产能（以重铬酸钠计）约为 40 万吨，约占全球总产量的 40%（赵青，2015；崔雯雯，2019），其中湖北振华化学、四川银河化学、重庆民丰化工年产量均大于 5 万吨（以重铬酸钠计）。2021 年 1 月，振华股份完成了对重庆民丰的收购，已成为全球最大的铬盐生产企业。

第二节　中国铬矿的类型及特征

世界上铬铁矿主要有原生铬铁矿和次生铬铁矿两大类型，原生铬铁矿主要是层状和豆荚状两种类型，次生铬铁矿主要是铬铁矿海滨（或海成）砂矿。层状铬铁矿通常形成于稳定克拉通内的前寒武纪基性-超基性岩中，由岩浆结晶分异而成，基性-超基性岩石和铬铁矿都呈层状，构造上处于莫霍面之上。该类型矿床储量大，常发育大型-超大型铬铁矿矿床。豆荚状铬铁矿发育于蛇绿岩套中的地幔橄榄岩内，又称蛇绿岩型铬铁矿，构造上位于莫霍面之下，受构造作用改造明显，分布广泛但单个矿床储量往往不大。次生铬铁矿沉积型砂矿床，该类型规模相对较小。

一、中国铬矿床的类型

中国铬铁矿以蛇绿岩型豆荚状铬铁矿为主，成矿专属性很强，主要赋存在蛇绿岩带中，主要分布在中国的中西部，如雅鲁藏布江蛇绿岩带、班公湖—怒江蛇绿岩带、新疆的西准噶尔蛇绿岩带、东准噶尔蛇绿岩带、中祁连南缘蛇绿岩带、内蒙古的贺根山—索伦山蛇绿岩带等。朱明玉等人（2014）在全国范围内将铬矿聚集程度比较高又具有特定成矿背景和找矿前景的区域，划分出 17 个Ⅲ级铬矿成矿带（见表 1-2）。中国主要的铬矿床有西藏的罗布莎大型铬矿床、新疆萨尔托海中型铬矿床、内蒙古赫格敖拉中型铬矿床等。从岩浆演化的角度来看，中国铬铁矿主要形成于岩浆作用晚期的纯橄榄岩和方辉橄榄岩的组合中，以方辉橄榄岩为主体，矿体也主要以"集群成带"的形式赋存于方辉橄榄岩中。

表 1-2　中国Ⅲ级成铬带划分

Ⅰ级成矿域	Ⅱ级成矿省	Ⅲ级成矿区带	成铬带编号	成铬带名称	典型矿床（或代表性矿点）
古亚洲成矿域	准噶尔成矿省	Ⅲ-4-①	Cr1（A）	西准噶尔成铬带	萨尔托海（中型）、唐巴勒、洪古勒楞
		Ⅲ-4-②	Cr2（C）	东准噶尔成铬带	清水
	塔里木成矿省	Ⅲ-12-①	Cr3（C）	卡瓦布拉克成铬带	卡瓦布拉克
秦祁昆成矿域	阿尔金—祁连成矿省	Ⅲ-21	Cr4（A）	北祁连成铬带	玉石沟（小型）
		Ⅲ-23	Cr5（B）	中祁连成铬带	大道尔吉（中型）
	昆仑成矿省	Ⅲ-24	Cr6（C）	柴达木北成铬带	绿梁山（小型）
特提斯成矿域	冈底斯—腾冲成矿省	Ⅲ-40	Cr7（A）	班公湖—怒江（中-东段）成铬带	东巧（小型）、依拉山（小型）、丁青西（小型）
		Ⅲ-40	Cr8（C）	班公湖—怒江（西段）成铬带	董吉日
	喜马拉雅成矿省	Ⅲ-44	Cr9（A）	雅鲁藏布江（中-东段）成铬带	罗布莎（含香卡山、康金拉）（大型）
		Ⅲ-44	Cr10（A）	雅鲁藏布江（西段）成铬带	姜叶玛
	喀喇昆仑—三江成矿省	Ⅲ-34	Cr11（C）	金沙江—红河成铬带	双沟
滨太平洋成矿域	秦岭—大别成矿省	Ⅲ-66	Cr12（C）	商丹成铬带	松树沟（小型）、洋淇沟
	上扬子成矿省	Ⅲ-73	Cr13（C）	勉略成铬带	楼房沟
		Ⅲ-76-①	Cr14（C）	攀枝花成铬带	大槽（小型）
	大兴安岭成矿省	Ⅲ-49	Cr15（A）	索伦山成铬带	索伦山（小型）
		Ⅲ-48	Cr16（A）	贺根山成铬带	赫格敖拉 3756（中型）
	华北陆块成矿省	Ⅲ-57	Cr17（B）	燕辽成铬带	高寺台（小型）、毛家厂（小型）、平顶山（小型）

注：1. 表中 A、B、C 为成铬带的预测类别。

2. 表中除 Cr14、Cr17 成铬带为似层状铬铁矿，其他均为蛇绿岩型铬铁矿。

3. 典型矿床除注明大型、中型、小型外，其他均为矿点。

4. 探明资源量及预测资源量均引自"全国重要矿产资源潜力评价"项目（2012）。

　　另一类是产于古老地台区或裂谷带附近基性-超基性岩体中的"似层状"铬矿床，其特征不同于国外巨型层状铬矿床，韵律层往往不明显，规模也小得多，主要产于我国东部陆块区及陆块深断裂附近。陆块区代表矿床有北京平顶山、放马峪等铬矿床，矿体多呈条带状、分布面积较广，矿体与围岩呈过渡关系；深断裂附近则常以小超基性岩体出露，岩体具有明显的环状结构，由边缘到中央基性程度增高，往往形成中央纯橄岩岩相带，铬矿多分布于基性程度最高的岩相带中，以河北高寺台、四川大槽铬矿为代表。此类铬矿，造矿铬尖晶石化学成分往往以高铁（高钛）为特征，推测铬矿可能属于由大陆地幔派生岩浆经结晶分异作用而成，具有正常的岩浆岩石结构，并可与铁、铜、镍、铂族元素等伴生，工业价值不高。

二、中国铬矿资源的特点

　　中国铬资源十分匮乏，截至 2019 年，查明铬矿资源储量 1210.75 万吨（全国矿产资源储量汇总表，2019 年）。

　　全国共有铬矿区 63 个（全国矿产资源储量汇总表，2019 年，汇总表中未统计矿点、矿化点），主要分布于全国 14 个省区市（见表 1-3）。矿区数量上，以新疆（16 处）、西藏（14 处）为首，其次为青海（6 处）、内蒙古（5 处），其他省区市均不足 5 处（见图 1-1）。

表 1-3　中国各省区市铬矿资源储量统计　　　　　　　　（万吨）

省区市	矿区数	基础储量		资源量	查明资源储量
		—	储量		
北京	2	—	—	76.79	76.79
河北	3	4.64	2.93	60.48	65.12
山西	1	—	—	42.82	42.82
内蒙古	5	56.16	—	100.12	156.28
吉林	1	—	—	3.10	3.10
安徽	1	—	—	2.10	2.10
湖北	3	—	—	24.17	24.17
四川	1	—	—	0.50	0.50
云南	4	—	—	0.79	0.79
西藏	14	155.83	5.3	232.37	388.20
陕西	3	—	—	2.16	2.16
甘肃	3	141.23	49.10	78.37	219.60
青海	6	3.68	—	74.58	78.26
新疆	16	35.39	16.23	115.47	150.86
共计	63	396.93	73.56	813.82	1210.75

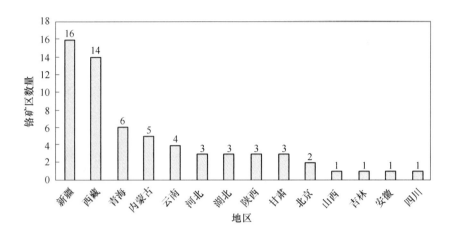

图 1-1 中国各省区市铬市矿区数量

我国 14 个有查明铬矿资源储量的地区中，西藏资源储量位居全国第一（388.20 万吨，占 32.06%）、甘肃第二（219.60 万吨，占 18.14%）、内蒙古第三（156.28 万吨，占 12.91%）、新疆第四（150.86 万吨，占 12.46%），四省区查明资源储量合计约占全国总量的 75.6%；其余依次为青海（78.26 万吨，占 6.46%）、北京（76.79 万吨，占 6.34%）、河北（65.12 万吨，占 5.38%）、山西（42.82 万吨，占 3.54%）、湖北（24.17 万吨，占 2.00%）；其他地区资源储量总和不足 10 万吨，总占比也不足 1%（见图 1-2）。

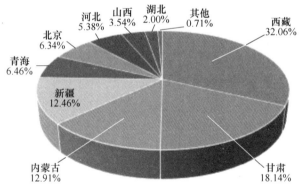

图 1-2 中国铬矿查明资源储量分布

我国铬资源具有资源储量少、大矿少、产量少、矿床成因类型单一、分布不均衡等特点。

（1）资源储量少。1980 年底，我国铬矿累计探明储量达 1053.1 万吨，保有储量 979.1 万吨（《中国铬矿志》，1996）。2019 年查明铬矿资源储量 1210.75 万吨，不及世界储量 5.7 亿吨的 1%。

虽然我国铬矿资源储量少，但在保有资源储量中，一半以上的 Cr_2O_3 品位在 45% 以上，属于富矿。罗布莎铬矿区主要矿体的 Cr_2O_3 品位更是高于 50%，$Cr_2O_3/FeO>4$，矿石质量堪比哈萨克斯坦的肯皮尔赛。

（2）大矿少。全国已发现铬矿床、矿点、矿化点超过 350 个，主要分布于全国 14 个省区市，但绝大多数仍为矿点、矿化点。按照 2020 年自然资源部颁布的《矿产地质勘查规范　铁、锰、铬》（DZ/T 0200—2020）中的铬矿床规模划分标准，铬矿石量不小于 500 万吨为大型铬矿床，铬矿石量在 100 万~500 万吨为中型铬矿床，铬矿石量小于 100 万吨为小型铬矿床，全国仅有 1 个大型矿床、4 个中型矿床。仅有的 1 个大型铬矿床是西藏的罗布莎铬矿区；4 个中型铬矿床分别是西藏香卡山铬矿区、内蒙古赫格敖拉铬矿区、新疆萨尔托海铬矿区和甘肃大道尔吉铬矿区。上述 5 个大、中型铬矿床都由数百个大小不一的矿体组成，具有成群出现、呈带分布、分段集中的特点。

（3）产量少。受限于铬矿资源储量，我国铬矿近几年年产量一直维持在 10 万~20 万吨。西藏罗布莎铬矿是我国铬矿资源储量最多的矿山，也是目前我国铬矿的主要产区。目前，限定西藏矿业和江南矿业两个矿山的年产量，便于长期生产解决当地老百姓的温饱问题，矿山实际年产量均小于 5 万吨；新疆萨尔托海铬矿也是由于资源短缺的原因，目前已停产。按照 2020 年自然资源部颁布的《矿产地质勘查规范　铁、锰、铬》（DZ/T 0200—2020）中的铬矿山生产规模分类标准，年产量不小于 10 万吨为大型铬矿山，年产量在 5 万~10 万吨为中型铬矿山，年产量小于 5 万吨为小型铬矿山，则我国没有大型或者中型铬矿山。

（4）矿床成因类型单一。世界原生铬矿床有两种类型，分别是基性-超基性岩型层状铬矿床和蛇绿岩型豆荚状铬矿床。我国铬矿的成因类型较为单一，主要为蛇绿岩型豆荚状铬矿床，至今尚未发现有重要工业价值的基性-超基性岩型层状铬矿床。

（5）分布不均衡。我国 63 个铬矿区分布在 14 个省区市，分布极不均衡，新疆和西藏两个自治区的矿区数量占全国矿区总数的 47.6%，西藏、甘肃、内蒙古和新疆四省区查明资源储量合计约占全国总量的 75.6%。

我国铬矿的保有资源储量非常有限，但赋存铬矿的蛇绿岩带则分布较广，面积可达近万平方千米，这些含矿蛇绿岩严格受构造控制，集中于横亘中国东西的 3 条巨型造山带（缝合带）中，即北部塔里木—华北地台北缘造山带、中部秦祁昆造山带（西段）和西南特提斯造山带。以特提斯造山带的雅鲁藏布江蛇绿岩带最为重要，我国迄今为止发现的唯一大型铬矿——罗布莎铬矿床即产于其中。新疆西准噶尔、东准噶尔及内蒙古贺根山和索伦山的蛇绿岩带，也都有一定的规模，也是我国探获铬矿资源储量的主要地区。

另外，从铬矿石工业用途来看，我国优质冶金级矿石主要分布于西藏、青海等地，罗布莎铬矿区主要矿体的 Cr_2O_3 品位更是高于 50%，$Cr_2O_3/FeO>4$；耐火级矿石主要分布于新疆萨尔托海等地区，以高铝为特征（Cr#<0.6，Cr_2O_3<45%，Al_2O_3>20%）；化工级矿石主要分布于内蒙古和甘肃等地，大道尔吉铬矿虽有 100 余万吨的铬矿资源量，但贫矿（Cr_2O_3<12%）占到矿体总数的 2/3 以上，中富矿（Cr_2O_3 含量 33.72%~33.74%）只有 30 余万吨，且中间都有数量不等的贫矿。

第三节　中国铬矿资源的保障程度

中国铬资源十分匮乏，截至 2019 年，查明铬矿资源储量 1210.75 万吨（全国矿产资源储量汇总表，2019 年）。受铬矿资源禀赋约束，我国铬矿石生产水平一直低下。1958 年，我国开始对铬矿进行开采，当年的铬矿产量为 1.6 万吨，至 2000 年的 42 年间，平均年产量不足 5 万吨。2000 年后年产量一直维持在 10 万～20 万吨。中国是目前世界上最大的铬资源消费国，国内铬矿产量远远不能满足需求。中国铬资源严重短缺，储量少、产量小而需求量大，国内资源保障度低。并且二次回收水平较低，为了满足国内需求，铬资源几乎完全依靠进口，从而导致对外依存度居高不下。

我国近年来的铬矿进口量不断增长，看似进口货源充足而稳定，实际上并非如此。受供给国自身因素影响，某个国家目前的供给水平仅能代表当前，缺乏长期的稳定性保障。近年来世界铬资源产业的一个明显变化趋势是独立矿山企业铬铁矿生产量不断下降，来自联合矿山企业铬铁矿的生产量在不断增长，即铬资源市场逐渐由拥有铬铁矿山和配套铬铁合金加工厂的综合大型企业控制，这意味着我国未来铬铁矿原矿的进口将面临挑战，而直接进口铬铁合金与进口铬铁矿原矿相比成本会大大增加，且价格处于"被卡脖子"状态。

国际市场因素主要包括铬铁矿的价格波动、国际铬铁矿生产集中度及需求竞争因素等，价格的波动会导致市场风险，过高的生产集中度会导致垄断，另外其他国家对铬资源的需求也会在一定程度上加剧铬资源的竞争，这些都可能引发中国铬资源的供应风险。因此需建立铬资源储备机制，稳定市场预期，提高资源保障能力。

第二篇

冶金地质铬矿
勘查工作

第二章　冶金地质铬矿勘查工作进展

第一节　地质勘查历程

我国铬矿地质勘查工作始于 20 世纪 50 年代，鉴于国家对铬矿资源的迫切需求，为保证国家基本钢材和尖端工业的需要，我国铬矿地质工作者开展了大规模的地质勘查和科学研究工作。经过历年的系统工作，基本上查明了我国基性-超基性岩的总体特征，圈定了含铬岩带，评价了一大批矿化岩体，发现并勘查了一批铬矿床，为我国铬矿资源开发提供了建设基地。

冶金地质队伍作为找矿的国家队、先锋队，率先投入到铬矿勘查和研究工作中，在工作中不断总结铬铁矿的赋存规律和找矿方法。经过 70 年的艰苦奋斗，雪域高原、戈壁沙漠、深山峡谷，在祖国最荒凉、最危险的地方都留下了冶金地质工作者奋斗的身影。冶金地质人在我国铬矿地质勘查工作中作出了杰出贡献，推动了铬矿业的发展。

一、1950~1963 年

20 世纪 50 年代初，冶金系统在东北及华北地区开始对已知铬矿产地（矿点）开展地质工作，如开山屯、小松山的铬矿调查。在 50 年代中期至 60 年代初，对一些有线索的地区也开展了广泛的铬矿找矿工作，主要包括河北高寺台，延吉开山屯，湖北宜昌太平溪，陕西蓝田草坪、商南松树沟，河北平泉县大庙，陕西略阳县麻柳铺等地。

1954 年、1957~1958 年，冶金部东北地质分局在河北高寺台铬矿投入大量工程，对岩体地质特征、铬铁矿化特征进行了研究。

1957 年，冶金部西北冶金地质勘探公司第三地质勘探队在陕西松树沟岩体中发现铬铁矿，并开展普查工作。

1958~1959 年，陕西省冶金局物探队对松树沟岩体进行了 1∶5000 地面磁测 55.2km²，重力测量 4.89km²。

1961 年，吉林省冶金局在延吉开山屯超基性岩及铬矿床开展地质和物探工作。

1961~1962 年，西北冶金地质勘探公司第三地质勘探队在陕西省商南县松树沟铬铁矿床开展普查找矿，对该区含铬超基性岩有了进一步认识，认为该岩体是以纯橄岩和斜方辉橄岩相为主的镁质超基性岩，铬铁矿化普遍，并发现有工业价值的矿体，因此有必要对该岩体进行详细研究和评价工作。

1962 年，西北冶金勘探公司五队在陕西蓝田草坪超基性岩体开展勘查工作，完成 1∶1 万地质测量 360km²，1∶1000 地质剖面 4.3km，发现了多处铬矿化。

1960~1962 年，冶金部冶金地质勘探公司 609 队对湖北宜昌太平溪超基性岩体开展普查、详查工作。先后投入了钻探、坑探、地质草测、物探（1∶2.5 万磁法、重力、电法）

等探矿手段，工作中发现原生铬铁矿露头5处，铬铁矿转石10余处，基本查明了岩体特征、铬铁矿质量与矿体规模，并对地质构造、成矿条件做了研究。

1962年，河北冶金地勘公司在河北省平泉县大庙铬矿开展普查评价工作。

1963年，西北冶金地勘公司物探队在陕西省略阳县麻柳铺铬铁矿开展物化探工作。

二、1964~1980年

20世纪60~70年代是我国铬矿勘查的黄金时期。1964年国家计委、国家经委下文同意开展新疆铬矿普查会战，地质部组织了"新疆铬矿会战指挥部"，以新疆铬矿为重点，掀起了全国铬矿找矿热潮。在此阶段，我国共投入铬矿找矿地质勘查事业费约4.28亿元，完成钻探工程量约292.6万米，坑探5.8万米；提交地质报告223份，发表论文278篇；查明我国基性-超基性岩体总数11443个，出露面积11147km^2，其中超基性岩体8635个，总面积4516km^2（姚培慧，1996）。

"大会战"时期，冶金地质勘探公司积极响应党和国家的号召，开展了各省的铬矿找矿工作。1965~1967年，冶金地质部门组织西北地区的有关单位，开展了陕西商南铬矿找矿会战，这一举措对秦岭地区的铬矿勘查具有重要的推动作用。1970年召开了铬矿座谈会，部署了找铬矿地质工作。

1965年，冶金部西北冶金地质勘探公司第三地质队、106队、冶金部地质研究所、西北冶金地质研究所和物探公司等7个单位进行铬矿会战，对陕西省松树沟岩体进行评价和勘探工作，总共投入钻探70606m，坑探18084m，槽探324800m^3，井探246m，以及大量的物化探工作。发现大小岩体258个，矿点163个，其中矿体38个，获得工业储量221090.7t。其中平衡表内储量143496.95t，平衡表外储量77593.8t。

1966年12月，华东冶金地质勘探公司814队提交了《安徽歙县伏川铬矿物化探工作报告》，圈定了找矿有利地段，投入了磁法、化探工作，总结认为磁法能圈定岩体边界和确定产状，但圈界线的准确度低于化探；化探能准确圈定岩体界线，但只适用于覆盖不厚的山区。

1967~1973年，甘肃省冶金地质四队在青海省祁连县三岔铬铁矿开展普查找矿工作，在此期间配合进行评价和研究的单位有：新疆有色地质局物探三分队、西北冶金地质勘探公司测量队、西北冶金地质研究所和桂林冶金地质研究所等。投入坑探1589.96m、钻探505.06m、1∶2000地形地质测量11.13km^2。

1968~1969年，陕西省冶金地质勘探公司713队又重点在松树沟岩体的小松树沟区进行了找矿评价工作，于1970年5月提交了补充报告，报告对岩体在小松树沟区的产状及其对矿的控制，尤其是对区内四个小矿体的规模、产状、品位情况进行了了解，并计算了储量，指出今后工作建议，共提交铬铁矿石表内储量1577.1t，表外储量5061.6t。

1970年5月，冶金部在承德市召开了冶金地质铬矿座谈会，指出铬矿是急需的稀缺矿种，要求加强铬矿找矿工作；座谈会还就找矿指导思想、成矿理论、找矿方向和找矿方法进行了认真讨论，进一步部署了找铬地质工作。

1970年，辽宁省冶金地勘公司112队开展了辽宁省凌源—建平一带的找铬矿工作，投入了磁法、电法、感应法、化探等手段，认为神仙沟地区的基性-超基性岩体含有铬矿化。

1971～1972 年，甘肃冶金 703 队三分队在甘肃省民乐县童子坝铬矿开展普查评价工作，该矿于 1971 年发现，1972 年进行了深部钻探工作，完成钻探 3506.77m，槽探 7700m³，获得铬矿石远景储量 1.0129 万吨。认为 1 号岩体下盘及其他三级平行断裂带中是有利找矿部位。

1973 年，甘肃冶金地质二队五分队在甘肃省武山县鸳鸯镇超基性岩体开展铬矿的普查找矿工作。岩体内已发现铬铁矿（化）点 96 个，其中东区 62 个，西区和北区分别为 17 个。

1975 年，云南冶金地勘公司 311 队在云南省玉溪区元江县命利龙潭岩体开展铬铁矿普查工作。

三、1981～1993 年

经过 20 世纪 60～70 年代的找铬热潮和多年的科研工作总结，我国已探明了一定的铬矿储量，但数量和质量仍难以满足 80 年代迅速发展的钢铁工业的需要，铬矿资源和生产不足仍然是矿产地质勘查中需要予以重视的问题。

1980～1982 年，冶金部第一冶金地质勘探公司第一物探大队按照冶金部〔1979〕冶地技字 8 号文件及冶金部第一地质勘探公司指示精神，在内蒙古西乌旗乌斯尼黑南区开展了以重磁为主的综合物探铬铁矿普查工作，先后投入了重力、磁法、地震、电法等方法，完成比例尺 1 : 5000、网度 40m×10m 的重磁面积 29.08km²，局部地段加密成 20m×10m 网度的面积 1.272km²，做了大量的物性参数测定和精测剖面工作，共提取局部重力异常 82 个。

1982 年，黑龙江冶金地勘公司 703 队在黑龙江省五常县龙凤山铬矿点开展找矿评价工作，完成钻探 4423.88m，槽探 9322.04m³。

1982 年，冶金部第一冶金地质勘探公司地质研究室在《内蒙古东部内生金属成矿区划研究报告》中，将柯单山铬矿划归西拉木伦铬矿成矿带，并划为二级铬矿成矿远景区。

1982～1985 年，西南冶金地质勘探公司 603 队开展了四川省会理县木古烂木桥—牛金树铬铁矿普查工作。对川西南会理地区超基性岩带的岩石类型、蚀变特征及成因、控矿因素有了初步认识，发现了铬铁矿工业矿体 2 个。

1983 年开始，冶金地质部门按照以"铁、锰、铬、金及冶金配套资源为主"的地质工作方针和原则，在重新调整地质找矿布局的基础上，重视有关铬矿的找矿和研究工作。为尽快缓解对铬资源的需求，着手开展燕山及内蒙古地区的进一步找矿，并结合该区的特点着重研究和探索了东部地区低品位铬矿的开发利用问题。鉴于铬矿找矿难度较大，找矿形势严峻，按照"科研开路，促进找矿"的原则，80 代中期，冶金地质部门拨专款开展了内蒙古北部及燕山地区基性-超基性岩及铬铁矿的找矿研究，并进行了陕南冯家山、高寺台及会理等地区的找矿评价工作。

1986 年 5 月，冶金地质学会在宜昌召开了"铬矿找矿讨论会"，按照"积极投身到找铬工作中""改变我国铬矿资源主要靠进口的局面"的要求（1986 年冶金地质工作会议），交流和讨论了全国铬矿找矿进展情况、存在问题及今后找矿工作的设想。针对我国铬矿类型及超基性岩的分布特点，认为主要应在西部地槽区寻找地槽型铬矿；考虑到冶金工艺的进步，为铬铁比值低的贫铬矿的利用开辟了新的途径，因此对东部高铁贫铬矿石的找矿也给予了一定的关注。

1986~1988 年，冶金部天津地质研究院在燕山及西拉木伦河一带开展铬矿含矿远景的研究工作，对柯单山铬矿及其外围进行了地质构造背景、岩体地质和铬矿床特征研究，并对岩带的成矿远景作出评价。

1986~1989 年，冶金第一地勘局地质探矿技术研究所开展了河北北部（含京、津地区）基性-超基性岩及铬铁矿找矿预测。

1988 年，冶金部中南冶金地质勘探公司完成湖北省蕲春县株林河铬铁矿普查。

1988~1989 年，西北冶金地质勘探公司西安地质调查所开展了陕西省宁强县冯家山铬铁矿调研，完成硐探 150.8m，通过工程证实该矿床属沉积成因的砂岩型铬铁矿矿床。

1988~1989 年，冶金部西南冶金地质勘探公司科研所在大槽矿区开展研究工作过程中发现了层状铬铁矿及豆荚状铬铁矿。

1990~1991 年，冶金部西南地质勘查局 601 大队，在 1989 年概查基础上重点对层状铬铁矿全面开展普查工作，投入主要实物工作量：1∶2000 地质草测 6.4km^2，槽探 16733m^3，浅井 27.3m、坑探 79.8m，于 1992 年 5 月提交《四川省米易大槽铬铁矿区普查地质报告》，经冶金部西南地质勘查局〔1995〕地字 22 号文同意批准，大槽铬矿提交表内 D+E 级铬铁矿石储量 12.31 万吨，其中 D 级储量 7.77 万吨。

1989~1991 年，冶金部第一地质勘查局分别开展了河北省承德县高寺台选矿厂南山铬铁矿普查。冶金西北地勘公司完成了陕西省商南县干沟—土坳沟矿段铬铁矿普查工作。

1989~1992 年，冶金部天津地质研究院开展了内蒙古主要蛇绿岩带和岩体含矿性、铬铁矿成矿条件及成矿远景地质调查研究工作，于 1992 年 4 月提交了《内蒙古地区蛇绿岩带含矿（铬）性研究报告》，指出索伦山—贺根山蛇绿岩带的成矿条件最有利，索伦山和赫格敖拉岩体的含矿性最好。建议在适当时期，组织一定的施工力量，在索伦山和赫格敖拉两个岩体的有利成矿部位，进行中深部铬矿找矿工作，扩大已知矿区的成矿远景。

1990~1992 年，冶金部西北地质勘查局对陕西松树沟铬矿矿区进行了低品位铬矿地质研究，按 Cr_2O_3 不小于 3% 为边界品位，不小于 6% 为工业品位，可采厚度 0.5m，夹石剔除厚度 0.5m 圈定矿体，估算储量为 35.5 万吨，平均品位 Cr_2O_3 7.07%，铬铁比为 1.5~2.5。

四、20 世纪 90 年代中后期

20 世纪 90 年代中后期，我国铬矿勘查投入资金逐年减少，铬矿工作的重点也由找矿勘查转向铬矿地质科学研究。

1996 年，冶金部地质勘查总局出版《中国铬矿志》，这是一部全面、系统反映我国铬矿资源状况、勘查开发历史现状的志书，内容丰富、资料翔实。主编：姚培慧，副主编：王可南、杜春林、林镇泰、宋雄，撰稿人：丁万利、王方国、王可南、刘芳文、任永云、孙家富、宋雄、汪国栋、严铁雄、杜春林、苏继铭、吴载钧、吴毓晖、何昌荣、张秀颖、张国维、周存中、高象新、姚培慧、龚志大、常福渠、傅凤鸣、廖昌庆、黎彤。冶金部地质勘查总局总工程师刘益康作序。该志书是对我国铬矿勘查和科研工作 40 多年的历史回顾和经验总结。

五、21 世纪以来

进入 21 世纪以后，随着新一轮国土资源大调查和国家危机矿山接替资源找矿、地质矿产调查评价等项目的实施，我国开展了一系列的铬矿勘查工作。西藏自治区曲松县罗布莎铬铁矿取得重大找矿突破，累计新增铬铁矿资源储量 400 多万吨。中央地勘基金铬铁矿单矿种找矿战略选区研究项目组完成了《中国铬铁矿单矿种找矿战略选区研究报告》，并提出了我国铬矿第一批找矿勘查战略选区。

中国冶金地质总局铬铁矿勘查队伍在 21 世纪初继续率先投身到我国铬矿勘查工作中，相继实施了一系列铬矿地质大调查和地质矿产调查评价项目，稳定了一支铬铁矿勘查队伍，取得了丰硕的勘查成果。

2003 年，中国冶金地质总局中南地质勘查院实施中国地质调查局国土资源大调查项目"西藏雅江成矿带仁布等地区铬铁矿评价"，大致查明区内铬铁矿体的分布、数量、赋存部位、厚度、规模、产状和矿石质量，估算铬铁矿 333+334$_1$ 资源量 4.75 万吨。

2009~2010 年，中国冶金地质总局西北地质勘查院实施"西藏日喀则市蓬剥北铬铁矿预查"工作，圈定了辉橄岩体中的铬铁矿转石带一个。

2009~2010 年，中国冶金地质总局西北地质勘查院开展"西藏申扎县果芒错东南铬铁矿普查"工作。圈定了两个铬铁矿化带，即Ⅰ号矿化带和Ⅱ号矿化带。

2014~2015 年，中国冶金地质总局第二地质勘查院实施"西藏山南铜多金属矿整装勘查区专项填图与技术应用示范"，以"三位一体"成矿理论为指导，通过对已知重点矿床（努日铜多金属矿床和罗布莎铬铁矿床）的解剖研究，结合相应的研究样品测试分析，总结出该区铜（钨钼）和铬铁矿床成矿地质条件与成矿特征、成矿地质体与控矿构造类型、矿床分布产出规律与找矿标志；建立了相应的找矿预测模型；提出了重点勘查靶区与深部验证方案，对该区域进一步找矿工作具有指导意义，同时为该区域地质找矿工作提供了丰富的专业性基础地质资料。

2015~2018 年，中国冶金地质总局相继完成了"新疆库地岩体及外围铬铁矿资源调查评价""新疆西准噶尔地区达拉布特岩带铬铁矿调查评价""内蒙古贺根山—索伦山地区铬铁矿调查评价""新疆东准噶尔卡拉麦里地区铬铁矿调查评价"共 4 个铬铁矿调查评价项目。

其中"新疆库地岩体及外围铬铁矿资源调查评价"项目由中国冶金地质总局西北局承担，该项目为"铁锰矿资源调查评价"项目子项目，"铁锰矿资源调查评价"项目属中国地质调查局"重要矿产资源调查计划"下的"大宗急缺矿产和战略性新兴产业矿产调查工程"。"新疆库地岩体及外围铬铁矿资源调查评价"项目共圈定铬矿找矿远景区 1 处，远景区内圈定铬矿找矿靶区 1 处，圈定铬矿体 4 条。

"新疆西准噶尔地区达拉布特岩带铬铁矿调查评价"项目由中国冶金地质总局中南地质勘查院承担，该项目为"铁锰矿资源调查评价"项目子项目，结合重磁异常，圈定可进一步开展矿产勘查的找矿靶区 3 处。

"内蒙古贺根山—索伦山地区铬铁矿调查评价"项目由中国冶金地质总局第一地质勘查院承担，该项目为"二连东乌旗成矿带西乌旗和白乃庙地区地质矿产调查"项目子项目，"二连东乌旗成矿带西乌旗和白乃庙地区地质矿产调查"项目属中国地质调查局"华北陆块及周缘地质矿产调查工程"。"内蒙古贺根山—索伦山地区铬铁矿调查评价"项目共圈定找矿靶区 4 处，预测资源量 191 万吨。

"新疆东准噶尔卡拉麦里地区铬铁矿调查评价"项目由中国冶金地质总局山东正元地

质勘查院承担，该项目为"铁锰矿资源调查评价"项目子项目，2016 年并入"阿尔泰成矿带喀纳斯和东准地区地质矿产调查"二级项目。"新疆东准噶尔卡拉麦里地区铬铁矿调查评价"项目共提交了 3 处找矿靶区。

2016~2018 年，中国冶金地质总局第二地质勘查院承担"西藏雅江与班怒成矿带铬铁矿综合调查"二级项目的委托业务"班公湖—怒江缝合带东段丁青岩体及外围铬铁矿资源潜力评价"，发现铬铁矿体 42 处，铬铁矿点几十处，铬铁矿化点 100 多处，圈定了 4 个找矿靶区。

2020 年，中国冶金地质总局参与编制《中国铬、钒、钛矿产志》及《黑色金属普及本》。

2021 年，中国冶金地质总局编制了《我国铬矿资源安全保障部署建议》。

2022 年，中国冶金地质总局西北局实施"中国铬矿成矿规律研究与潜力预测"研究项目。

第二节　铬矿勘查进展

自 20 世纪 50 年代我国开始铬矿找矿工作，经过 60~70 年代的找矿热潮，先后发现了罗布莎、萨尔托海、内蒙古贺根山、大道尔吉等中型以上的铬矿床。至 1980 年底，全国铬矿勘查区已达 49 处，累计探明储量 1053.1 万吨，积累了大量铬矿和基性-超基性岩资料，基本查明了我国铬矿分布的总体格局。之后，铬矿找矿工作进入瓶颈期。21 世纪以来的找矿主要突破仅限于罗布莎铬矿床，增储约 400 万吨。至 2019 年，全国共拥有 63 个铬矿区，查明铬矿石资源量 1210.75 万吨。西藏罗布莎大型铬铁矿床目前仍是我国已发现的规模最大的优质冶金级铬矿床。

冶金地质铬矿勘查同样始于 20 世纪 50 年代，冶金地质人响应国家号召，不负使命担当，肩负起为国找矿的光荣使命，足迹遍布祖国的大江南北，不畏艰险，攻坚克难，完成了大量的铬矿地质勘查和科研任务，为发展冶金工业提供了丰富的矿产资源储量和地质资料。21 世纪初，国家开展新一轮地质大调查，冶金地质人主动作为，投入人力、物力，为铬矿资源保障提供服务，时至今日，冶金地质的目标依然是"坚守地质勘查主责主业，全力保障国家资源安全"。用行动践行奋斗精神，用成就证明奋斗价值！70 年来，一代代冶金地质人的持续奋斗，为铬矿地质勘查作出了突出贡献！

一、提交了丰富的矿产资源储量，服务国家钢铁产业发展

积极开展铬矿找矿勘查工作，总结了铬矿找矿经验，探获了一定资源量，为铬矿找矿工作提供了丰富的专业性基础地质资料，对指导找矿和提高找矿效果具有较大意义，为国家铬矿业的发展作出了积极的贡献。

在全国范围内开展铬矿勘查与研究工作 70 年，共涉及铬矿成矿带 8 个，包括雅鲁藏布江铬矿成矿带、贺根山铬矿带、索伦山铬矿带、北祁连铬矿带、商单铬矿带、攀枝花铬矿带、燕辽铬矿带、勉略宁铬矿带。开展工作的铬矿区 40 余个，提交铬矿报告近 70 份。据不完全统计，共施工槽探 46 万余立方米，钻探约 14 万米，坑探 3 万余米。共估算资源储量 400 万吨，其中表内储量 25.19 万吨，表外储量 15.8 万吨，远景储量 101.51 万吨，

预测资源量 257.13 万吨。

二、查明成矿条件、圈定找矿靶区，为新一轮找矿突破战略行动中铬矿勘查部署提供支撑

21 世纪以来，中国冶金地质总局积极参与国家铬矿资源调查评价工作，履行"国家队"职责，发挥冶金在黑色金属的勘查优势，主动作为，在铬矿主要成矿带（如班公湖—怒江成矿带、雅鲁藏布江成矿带、内蒙古贺根山—索伦山成矿带等）实施了一系列矿产资源调查评价项目，整体评价了铬矿主要成矿带的资源潜力，完成了大量的 1:5 万地物化遥面积性工作，完成经费 4231 万元。取得了较好的找矿成果，圈定多处找矿靶区，共发现铬铁矿体 42 处，铬铁矿点几十处，铬铁矿化点 100 多处，圈定了 15 个找矿靶区，预测铬铁矿资源量 254.66 万吨。稳定了一支铬矿勘查队伍，在服务国家矿产资源方面能力不断增强。

三、深耕细作松树沟铬矿，推动了秦岭地区的铬矿勘查

松树沟铬矿位于东秦岭北部蛇绿岩带中。自 1957 年发现铬铁矿以来，之后的 20 年间，冶金系统持续在该区投入了大量地质、物化探和科研工作，共完成钻探 81972.4m，坑探 21043m，槽探 324800m³，井探 246m。积累了较多的地质资料，提交各类地质报告 6 份。获得工业储量 22.77 万吨。其中平衡表内储量 145074.05t，平衡表外储量 82655.4t。并提交低品位铬铁矿远景储量 35.18 万吨。

指出松树沟岩体群为东秦岭蛇绿岩套的组成部分。认为松树沟铬铁矿床的成因属于地幔熔融残留型。总结出铬铁矿成群出现，成带集中，分带产出的分布特征。在成矿规律上提出岩相是控矿的基础，矿体形成于成岩过程中，这在 20 世纪 70 年代是运用新的理论对岩体与矿床形成机制的认识，具有一定的理论水平。

四、开展低品位铬矿石远景及利用研究，扩大矿床远景

20 世纪 80 年代初，冶金部为尽快缓解对铬资源的需要，着重研究和探索了低品位铬矿的开发利用问题。扩大了铬资源规模，按照冶金系统提出的新的工业参考指标，分别对松树沟、洋淇沟、大槽岩体进行了低品位铬矿石的远景及利用的可能性研究，经过野外调查、采样分析及重新编图，按 Cr_2O_3 不小于 3% 为边界品位，不小于 6% 为工业品位圈定矿体，新增低品位铬铁矿储量为 42.13 万吨，估算低品位远景储量 94.68 万吨。

冶金部天津地质研究院与北京铁合金厂和天津同生化工厂合作，利用平顶山低品位矿石冶炼铬铁合金和利用铬精矿生产铬酸酐的试验，均取得了比较满意的效果。601 队与成都无缝钢管公司耐火材料研究所合作试验开发低品位层状铬铁矿，拟作代替连铸炉衬镁铬涂料试验，取得初步效果。西北冶金地质研究所对松树沟低品位铬铁矿的伴生金属及其副产品，提出了综合利用的可能性，为合理开发矿产资源，建设无尾矿矿山，以及提高经济效益，均具有实际意义。西安冶金建筑学院曾对冯家山低品位铬矿的开发利用进行过研究，认为该矿铬铁矿石用于制作红矾钠最为合适。总体认为低品位铬矿石的开发具有一定前景。

第三节　铬矿科技进步

我国的铬矿类型主要为蛇绿岩型，这种铬矿在形成后常受到强烈的构造作用，使得其在空间分布和形态上常呈现不连续分布的透镜状或是特殊的豆荚状，故名豆荚状铬矿。蛇绿岩型豆荚状铬矿往往规模小，且成因复杂，受后期构造改造严重，找矿难度大。我国的铬矿地质勘查和研究人员对其开展了大量的科学理论研究，以求解决我国铬矿地质勘查中的实际问题，在矿体特征、控矿构造和矿床成因等方面都取得了重要进展。

20 世纪 60 年代是铬矿科研工作的发展时期，我国铬矿地质科研遵循"为铬矿地质找矿服务"的原则，经历十余年的发展，对内蒙古、东西准噶尔、祁连山等重点攻关地区的找矿具有重要的导向意义。70 年代是我国铬矿地质科研规模最大和取得成果最多的时期，科学研究范围涉及区域构造学、岩石学、矿物矿相学、矿物包裹体学、矿床地质学、统计地质学、地质力学、地球物理及地球化学和勘查方法等各个领域，基本上勾勒出全国铬矿资源的可能前景态势。80 年代初期，铬矿地质科研工作仍肩负着为找矿"指向引路"的任务，各重点铬矿区带及远景区的地质研究有所深化，许多地质人员开始从蛇绿岩与铬矿关系的角度研究和探索我国各区带的铬矿地质及找矿问题，总结含铬岩带的区域特点，分析铬矿成矿规律，总结重点铬矿区的工作经验。21 世纪对豆荚状铬铁矿成因的研究取得了重要进展，各地蛇绿岩型铬矿中"金刚石+碳硅石+自然金属"系列高压矿物组合的发现和研究，把传统的几十千米厚的洋壳蛇绿岩形成豆荚状铬矿的认识，直接与 600km 以下的上地幔物质活动联系到了一起，提出了豆荚状铬矿的深部成因理论。这些在找矿工作中发挥巨大作用的理论，无不凝结着地质奋斗者的心血和汗水。

冶金地质在 70 年铬矿的勘查研究中，不断加强地质科学研究，提高铬矿地质工作水平，取得了一些前瞻性成果。

一、引领燕山—内蒙古蛇绿岩带成矿地质条件研究，评价蛇绿岩含矿远景

（1）按照"科研开路，促进找矿"的原则，冶金地质部门专门开展了内蒙古北部及燕山地区基性-超基性岩及铬铁矿的成矿条件及成矿远景地质调查研究工作。20 世纪 80～90 年代，先后提交蛇绿岩带铬铁矿含矿远景报告 3 个。

指出索伦山—贺根山蛇绿岩带的成矿条件最有利，索伦山和赫格敖拉岩体的含矿性最好，应进行中深部铬矿找矿工作，扩大成矿远景。

西拉木伦超基性岩带是一个比较典型的蛇绿岩带，指出下部变质橄榄岩相中有大量矿化纯橄岩，是有利成矿岩相；推测在柯单山岩体以西至好鲁库一带的 C-61-135、C-61-136 两个航磁异常，有可能找到规模较大的隐伏超基性岩体，有望扩大该区找矿远景。

建立了以贺根山岩体为代表的蛇绿岩套剖面，提出蛇绿岩带各类岩石的稀土含量和分配模式与世界标准蛇绿岩套的相应岩石完全可以对比，结论为典型的蛇绿岩套。首次获得西拉木伦超基性岩带的 Sm-Nd 等时线年龄为（665+46）Ma，推定其岩体形成于早古生代，认为该蛇绿岩带是残留在加里东板块俯冲带上的洋壳碎片。

（2）评价内蒙古贺根山—索伦山地区铬铁矿资源潜力。实施了"内蒙古贺根山—索伦山地区铬铁矿调查评价"项目，调查区内共发现矿（化）点共 8 处，其中新发现 5 处。

研究区内已知矿产的组合特征、分布规律、控矿因素、成矿条件、找矿标志及地、重、磁、电资料的综合分析，优选找矿靶区 4 处，并预测资源量为 191.27 万吨，为今后的找矿工作指明了方向。

二、制定《地面物化探规范》

冶金部为寻找国家急需的铬矿资源，于 1966 年开始使用重力方法找矿，主要在陕西、甘肃、河北、黑龙江、吉林、云南开展了重力详查铬矿工作，物化探手段开始在含铬超基性岩的找矿和评价中发挥重要作用。主要完成工作量见表 2-1。

表 2-1　20 世纪冶金系统完成重力工作量

地区		工作时间	比例尺	网度/m×m	完成面积/km²
内蒙古	乌斯尼黑	1980~1982 年	1∶5000	40×10	54.52
			1∶2000	20×10	2.656
	柯单山	1967 年	1∶2000	20×10	1.76
甘肃	鸳鸯镇	1966 年	1∶5000	40×20~10	5.2
陕西	松树沟	1964~1965 年	1∶2000	20×10	4.3
		1961~1965 年	1∶5000	50×5	23.51
		1963 年	1∶2000	20×5	6.484
	庙堂沟	1963 年	1∶1000	10×2.5	0.219
河北	高寺台	1970 年	1∶2000	20×10	3.55
		1989~1990 年	1∶1000	100×50	55.0
吉林	开山屯	1961 年	1∶2000	25×5	2.608
			1∶1000	10×2	0.0155
云南	元江龙潭	1971 年	1∶2000	20×10	2.4

1979 年，冶金部制定了《地面物化探规范》，为统一重力工作方法技术要求起了重要作用。

三、编制《中国铬矿志》

冶金部地质勘查总局 1996 年出版了《中国铬矿志》，对全国铬矿进行了详细的研究分析，该书是第一部全面、系统反映我国铬矿资源状况、勘查开发历史和当时现状的志书。全书共分两篇：第一篇"总论"，概述了铬的性质、用途、地球化学特征，铬矿物、矿石及工业要求，我国铬矿资源与开发利用情况；叙述了我国铬矿地质特征：含铬岩体和成矿条件，铬矿建造类型和矿床成因类型，成矿带和找矿前景；综述了我国铬矿地质勘查史、勘查方法，地球物理探矿技术与应用，铬矿地质科学研究及理论发展。第二篇"各地区的铬矿床"，详细地介绍了我国 29 个铬矿床的矿区与岩体地质、矿床地质特征、矿床发现与勘查史、开采技术条件和开发利用情况。

2020 年，中国冶金地质总局西北局参与《中国铬、钒、钛矿产志》的编制，系统全面地收集了最新的铬矿各类成果资料，完成了铬矿志上篇，以及铬、钒、钛矿产志中篇（西北地区典型矿床）和下篇（成矿预测）的编制。上篇包括 4 章 14 节，具体为铬的物理、化学及地学特征，铬的资源概况，铬矿的勘查与科研成果，中国铬矿的开发利用情况；中篇包括西北地区铬典型矿床；下篇从中国铬、钒、钛矿的资源保障、潜力评价、勘查模型、找矿方向及工作建议等方面进行研编。

四、提出西藏铬铁矿形成—分布受走滑型陆缘构造控制的新认识

中国冶金地质总局第二地质勘查院多次参与西藏罗布莎矿区铬铁矿成矿地质特征研究与探讨。黄树峰等人在冈底斯地区冲木达矿区首次发现控矿剥离断层，该断层带对铬铁矿有低序次走（斜）滑改造富集作用。并以西藏山南地区为例，总结了走滑型陆缘构造成矿系统模式。

罗布莎铬铁矿剖面上呈斜列无根褶断透镜体状，显示了雅江缝合带左旋走滑活动。罗布莎铬铁矿经历了两期成矿：早期深部形成铬铁矿，晚期经历了浅部走滑推闭转换构造改造富集。由此认为冈底斯古陆块南缘雅江缝合带左旋走滑及其构造序次转化作用控制罗布莎铬铁矿，北缘怒江缝合带右旋走滑及其构造序次转化作用控制丁青岩体铬铁化，低序次推闭型转换构造（褶断透镜体、断裂透镜体化带）直接控制铬铁矿体形成与富集定位。

初步建立的罗布莎式铬铁矿找矿模型，见表 2-2。

表 2-2　罗布莎式铬铁矿找矿模型

找矿模型		丁青岩体找矿模型	罗布莎岩体找矿模型
成矿地质体		超镁铁质岩体纯橄榄岩-斜辉橄榄岩岩相带	超镁铁质岩体纯橄榄岩-斜辉橄榄岩岩相带
成矿构造		右旋走滑断裂及其次级转换断裂	左旋走滑断裂及其次级转换断裂
成矿特征标志	蚀变特征：蛇纹石化、绿泥石化（碳酸盐化）等		蚀变特征：蛇纹石化、绿泥石化（碳酸盐化）等
	物探重磁特征：重力高-低梯度带，中磁		物探重磁电特征：重力高低梯度带，低磁，高-低阻过渡带

五、提出我国铬矿资源勘查保障部署建议

为了深入贯彻党的十九届五中全会精神，贯彻落实习近平总书记提出的构建集资源安全与政治安全、国土安全、军事安全等于一体的国家安全体系，"加快构建以国内大循环为主体、国内国际双循环相互促进的新发展格局"的有关精神。中国冶金地质总局按照一矿一策的原则，推动了"我国黑色金属资源安全保障"的研究工作，组织研编我国铁矿资源安全保障部署建议、锰矿资源安全保障部署建议、铬矿资源安全保障部署建议。其中西北局负责《我国铬矿资源安全保障部署建议》，由张振福总地质师、陈贺起总工、张志华等组成的铬矿研究团队，经过全面搜集资料，多次修改研编，系统梳理了我国铬铁矿资源概况、供需形势、成矿规律及资源保障建议。2020 年 12 月 27 日，总局与自然资

源部矿产勘查技术指导中心共同组织了"我国黑色金属矿产勘查形势研讨会议"。研究团队作了题为《我国铬矿资源安全保障部署建议》的汇报。

六、提交了65份成果报告

冶金系统在70年的铬矿勘查历程中，据不完全统计，共提交地质报告65份（见表2-3），系统总结了找矿成果及研究成果，充实了铬矿基础地质资料。

表2-3　铬矿地质报告一览表

序号	资料名称	编制单位	作者	编制时间	资源储量
1	河北省承德高寺台前沟铬铁矿地质简报	冶金部东北地质分局104队		1954年	
2	河北省承德高寺台超基性岩体及铬铁矿的专题报告	冶金部地质研究所		1958年	
3	吉林省延边朝鲜族自治州1958年地质报告书	吉林省冶金局第九勘探队	王有志、叶加干，等	1959年	
4	吉林省延吉县开山屯超基性岩及铬矿床工作报告	吉林省冶金局试验所		1961年	
5	吉林省延吉县开山屯铬铁矿区1961年度物化探总结报告	吉林省冶金局地质勘探公司第九勘探队		1961年	
6	辽宁省建平县21~41号区铬镍找矿和评价报告	辽宁省冶金工业厅地质勘探公司103队	宁孝勤、张焕章	1961年	
7	湖北宜昌太平溪超基性岩体详查地质报告书	冶金部中南冶金地质勘探公司609队	徐景富、周志棋	1962年	
8	河北省平泉县大庙铬矿普查评价总结报告	河北冶金厅地勘公司514队	苑文喜、李万堂	1963年	
9	陕西蓝田草坪超基性岩体地质工作简报	西北冶金地质勘探公司第五勘探队	徐治连、周先民、候洪福、张锁云、孙德恩	1963年	
10	陕西省略阳县麻柳铺铬铁矿1963年物化探工作成果报告	西北冶金地勘司物探队	涂传福	1964年	
11	安徽歙县伏川铬矿物化探工作报告	华东冶金地质勘探公司814队	丁荣泉	1966年	
12	陕西省商南县松树沟铬铁矿床补充地质总结报告	陕西省冶金地质勘探公司713队	韩建范、栗茂、白云太	1967年	获得工业储量221090.7t。其中平衡表内储量143496.95t，平衡表外储量77593.8t

序号	资料名称	编制单位	作者	编制时间	资源储量
13	陕西省商南县松树沟铬铁矿床地质总结报告（1961~1967年）	西北冶金地质勘探公司第三地质勘探队		1968年	提交铬铁矿石表内储量1577.1吨，表外储量5061.6t
14	辽宁省凌源县神仙沟铬矿点找矿评价报告	辽宁省冶金地质勘探公司105队	栾喜才、夏维江、游清生、刘世福、孙振华、张国良	1970年	
15	安徽省歙县伏川铬矿评价报告	华东冶金地质勘探公司813队		1971年	
16	安徽省歙县伏川工区重力详查报告	安徽省冶金地质局332地质队		1971年	矿量概算：1290.74t，其中813队找到247.90t，610队找到267.20t，332队找到775.64t
17	吉林省延吉县开山屯路矿区1970~1972年地质科研工作总结	吉林冶金地质勘探公司	杨林、肖明高、张品静、高玉英、吴尚全、邵会芳、赵广德、郭思学、张品静	1972年	
18	陕西商南铬矿铂族元素略查报告	陕西冶金地质勘探公司713队	费兴顺、陈信、秋涛、王俊昌、谭杨庚	1973年	
19	甘肃省民乐县童子坝铬矿普查评价报告	甘肃冶金地质勘探公司703队	陈泽忠、周绍农、李学颖	1973年	获得铬矿石远景储量1.0129万吨
20	吉林省延吉县开山屯铬矿区2号、4号、5号超基性岩体评价报告书	吉林省冶金地质勘探公司	史书全、吴全赫、郭世学	1973年	
21	商南松树沟铬铁矿床成矿控制条件探讨	陕西省冶金地质勘探公司713队		1973年	
22	甘肃省武山县鸳鸯镇超基性岩体铬矿地质普查报告	甘肃省冶金地质二队	顾福成	1973年	
23	青海省祁连县三岔铬铁矿1972年度总结报告	甘肃省冶金地质四队	付景海、王树良、刘炜	1973年	提交远景储量4800t
24	青海省祁连县三岔铬铁矿区地质普查评价报告	甘肃省冶金地勘公司703队二分队；在此期间配合评价的单位有：新疆有色地质局物探三分队、西北冶金地质勘探公司测量队、西北冶金地质研究所、桂林冶金地质研究所		1975年	

序号	资料名称	编制单位	作者	编制时间	资源储量
25	云南省玉溪区元江县命利龙潭岩体铬铁矿普查报告	云南省冶金局地质勘探公司311队	刘景虹、郑庆鳌	1975年	
26	陕西省商南县松树沟超基性岩体及铬矿几个主要地质问题的认识和进一步找矿评价工作的建议	地质部西北地质研究所、西北冶金地质研究所、西北冶金地质勘探公司第三地质队		1976年	
27	陕西省商南县松树沟（含洋淇沟）铬铁矿床地质总结报告	冶金部组织713队等单位		1978年	铬铁矿石储量2.44万吨，Cr_2O_3 13.52%～28.53%，其中表内储量1.54万吨
28	内蒙古锡林郭勒盟物化探找铬矿总体规划（1987～1989年）	冶金部冶金地质会战指挥部第一地球物理探矿大队	陈功臣、汪懋忠、师修来	1980年	
29	黑龙江省五常县龙凤山铬矿点找矿评价报告	黑龙江省冶金地质勘探公司703队	李国玺、徐金生、许荣德、孙桂贤、王彦、杨希山、高光煜	1982年	
30	内蒙古西乌旗乌斯尼黑南区1980～1982年物探普查铬铁矿工作报告	冶金部第一冶金地质勘探公司第一物探大队	沈振华、王金才、许贻亮	1982年	
31	四川省会理县木古镍铬矿普查—深部找矿地质报告	西南冶金地质勘探公司603队	何兴武、丁安吉、李福光、刘俊峰、肖永龙、李庆楠、黄克华、吴远坤、廖世忠、魏元桂、李孟合、李朝辉、夏桂莲、魏双贵、傅凤鸣、文秀全、靳刚	1985年	共获得铬铁矿D级表面残坡积矿13669.48t，Cr_2O_3平均品位4.07%；表外原生矿4820.5t，平均品位7.22%
32	华北地台北缘燕山超基性岩带铬铁矿含矿远景研究报告	冶金部天津地质研究院	陈森煌	1988年	
33	甘肃肃北县野马南山异常解释及铬铁矿找矿建议（调研报告）	冶金西北地勘公司地研室		1987年11月	
34	云南省锰、金、铬、铁等地质科技情报调研报告	西南冶金地质勘探公司昆明地质调查所	谢国铭、李福光、苑芝成	1988年	

序号	资料名称	编制单位	作者	编制时间	资源储量
35	河北北部（含京、津地区）基性-超基性岩及铬铁矿找矿预测地质报告（1986年、1987年、1989年）	冶金部第一地勘局地质探矿技术研究所	牛广标、王子鸣	1989年	
36	湖北省蕲春县株林河铬铁矿普查报告	冶金部中南冶金地质勘探公司604队	张济全、陈力军、曾昭鑫、唐若旦、裴柏林、胡福阶	1989年	
37	河北省燕山超基性岩带和内蒙古西拉木伦蛇绿岩带铬铁矿含矿远景研究报告	冶金部天津地质研究院		1989年	
38	河南西峡县洋淇沟铬铁矿成矿规律与找矿预测研究报告	冶金部中南地质勘查局605队	朱殿威、高岳瞻、邝忠隆、聂力、陈富新、王自强	1989年	估算新增资源量8000t
39	四川米易大槽超基性岩含铬性及橄榄石工业应用研究	冶金部西南冶金地质勘探公司科学研究所	聂勋敏、范昭林、徐德章、黄鹏	1989年	概算潜在铬铁矿石远景地质储量56.68万吨，平均品位Cr_2O_3 6.67%
40	内蒙古地区蛇绿岩带含矿（铬）性研究报告	冶金部天津地质研究院	陈森煌	1989～1992年	
41	陕西省勉、略、宁地区砂岩铬矿普查报告	西北冶金地质勘探公司西安地质调查所	苏怀宝	1989年12月	
42	河北省承德县高寺台选矿厂南山铬铁矿普查报告	冶金部第一地质勘查局地质勘探技术研究所	王子鸣、郭宝忠	1990年	
43	陕西省宁强县冯家山铬铁矿调研报告	西北冶金地质勘探公司西安地质调查所	李彤泰、张建云、古貌新	1990年2月	
44	华北地区锰铬矿产找矿条件调研报告（索伦山地区铬铁矿）	冶金部第一地质勘查局地质勘探技术研究所	孙庆博、黄少奇	1991年	
45	陕西省商南县干沟—土坳沟矿段铬铁矿普查总结	冶金部西北地质勘查局西安地质调查所	张建云	1991年11月	
46	陕西商南—河南西峡一带低品位铬铁矿远景及其利用可能性研究（陕西部分）	冶金部西北地质勘查局西安地质调查所	刘仰文、高象新	1991～1992年	1990年估算可新增远景储量38万吨
47	河南西峡一带低品位铬铁矿远景及其利用可能性研究	中南地质勘查局研究所	王克智、申国华	1990～1992年	新增低品位储量61535.5t

序号	资料名称	编制单位	作者	编制时间	资源储量
48	四川省米易大槽铬铁矿区普查地质报告	冶金部西南地质勘查局601大队		1992年	获得表内D+E级铬铁矿石储量12.31万吨,其中D级储量7.77万吨
49	我国西部地区富铁矿铬铁矿远景调查报告	中国冶金地质勘查工程总局西北地质勘查院、地球物理勘查院	朱兆奇、郭玉峰、赵玉社、厉小钧、线纪安、王隽仁、穆进强、毛疆伊	2005年4月	
50	西藏自治区山南地区加查县康桑顶铬铁矿普查地质报告	中国冶金地质总局中南地质勘查院	朱新平,等	2005年	估算铬铁矿资源量（333+334）24728t。其中Ⅰ号矿体333+334资源量21576t,Cr_2O_3平均品位38.62%;Ⅱ号矿体333+334资源量3152t,Cr_2O_3平均品位21.43%
51	西藏雅江成矿带仁布等地区铬铁矿评价报告	中国冶金地质总局中南地质勘查院	钱应敏、莫洪智、刘延年、陶德益、胡柏松、刘东升、翟中尧	2006年	估算铬铁矿333+334₁资源量4.75万吨
52	内蒙古自治区克什克腾旗柯单山矿区铬铁矿详查报告	中国冶金地质勘查工程总局第一地质勘查院	李继宏、张宇、马格	2007年	
53	西藏申扎县果芒错东南铬铁矿预查地质报告	中国冶金地质总局西北地质勘查	全孝勤、周永生、杨延峰、丁兆举、汪浩、朱智华	2009年12月	
54	西藏申扎县果芒错东南铬铁矿普查地质报告	中国冶金地质总局西北地质勘查	全孝勤、周永生、杨延峰、丁兆举、汪浩、朱智华	2010年12月	
55	西藏日喀则市蓬剥北铬铁矿预查报告	中国冶金地质总局西北地质勘查院	周永生、崔志春、龙文平、盛希亮、周翔	2010年6月	
56	河北省承德县高寺台铬铁矿资源利用现状核查报告	中国冶金地质总局第一地质勘查院		2010年	
57	河北省遵化县毛家厂铬铁矿资源利用现状核查报告	中国冶金地质总局第一地质勘查院	陈军峰、李晓军、王文婷、杨娟、徐娇艳	2010年	

序号	资料名称	编制单位	作者	编制时间	资源储量
58	西藏林芝朗秀沟铬铁矿预查	中国冶金地质总局西北地质勘查院	周永生、龙文平、曹光远、张建寅	2010年10月	
59	西藏山南铜多金属矿整装勘查区专项填图与技术应用技术报告	中国冶金地质总局第二地质勘查院	秦志平、王锦荣、黄树峰、邹睿馨、王广华	2016年	
60	西藏山南地区铜多金属矿找矿预测研究报告	中国冶金地质总局矿产资源研究院	郭健、黄照强、孙赫、闫清华、李祥强	2016年	
61	新疆西准噶尔地区达拉布特岩带铬铁矿调查评价报告	中国冶金地质总局中南地质勘查院	冼道学、曹景良、刘延年、李旭成、肖明顺、周逵、周勇、杨航、龚强、张翠、等	2016年	
62	新疆库地岩体及外围铬铁矿资源调查评价项目工作总结	中国冶金地质总局西北局	陈贺起、徐卫东、武怀丽、仇喜超、刘程、姜安定、任乐乐、辛麒、张子鸣	2016年	
63	内蒙古贺根山—索伦山地区铬铁矿调查评价报告	中国冶金地质总局第一地质勘查院	李继宏、韩雪、胥燕辉、张昊、王兴文、冯三川、曹学丛、顾浩、齐世卿、李帅值、陈喜财、夏广清、赵永双、高崇瑞、杨立新、周燃、徐剑波、高成核	2018年	预测铬矿资源量191万吨
64	班公湖—怒江缝合带东段丁青岩体及外围铬铁矿资源潜力评价	中国冶金地质总局第二地质勘查院	张承杰、穆小平、郭腾飞、高小雷、施扬术、吕佳浩、李中、吴天怀、赖臻敏、沈宏彬、等；物探人员有胡亚龙、文武、田仁聪、王忠凯、刘想想、何环银、等；测量人员有唐敏、李杰、高明、潘幸；技术指导为李秋平、江善元、严国文、等	2018年11月	最终预测铬铁矿资源量：浪达靶区39.74万吨、那宗纳靶区6.87万吨、拉滩果靶区1.01万吨、拉拉卡靶区11.30万吨，合计58.91万吨

序号	资料名称	编制单位	作者	编制时间	资源储量
65	新疆东准噶尔卡拉麦里地区铬铁矿调查评价	中国冶金地质总局山东正元地质勘查院	孙婧、连国建、季志刚、秦荣毅、刘永昌、张宏建、文博、杨斐、王守朋、陈汝建、林帅雄、周建刚、李建委、郭国涛、王登超、鹿伟、宗鹏、王红云、邵雅琪、樊春花、毛凤娇，等	2017年	

第三篇

冶金地质铬矿勘查及主要科研成果

第三章　铬矿勘查成果

冶金地质 70 年的铬矿勘查工作，足迹遍布全国，提交了 60 多份铬矿地质报告，估算铬矿资源储量 400 万吨。主要勘查的矿床分布在华北和西北地区，本次重点是对冶金地质的勘查成果和勘查史进行论述。

第一节　主要铬矿床

一、贺根山铬矿

（一）矿床基本情况

贺根山铬矿床位于内蒙古锡林浩特市潮克乌拉苏木乡北西 9km，南距市区 100km，可通低等级草原公路。锡林浩特市向南至河北省张家口市 430km，有公路相通。地理坐标为东经 116°18′00″，北纬 45°50′00″。

贺根山超基性岩体属于内蒙古超基性岩北岩带的组成部分。该岩带西起索伦山，向东经二连浩特至贺根山、松根乌拉一线，断续延展 560km。出露面积约 44km²，南北长 8km，东西宽 4~6km（未包括 733 矿床范围），推测为一向南东倾斜的单斜岩体或称"类岩盘"状单斜岩体。岩体轴向 15°~30°，倾向南东，倾角 40°~70°，如图 3-1 所示。有中型铬矿床 1 处，小型铬矿床及矿点、矿化点多处，著名的赫格敖拉 3756 中型铬矿床即产于此蛇绿岩带中。

贺根山超基性岩体位于阿尤拉海—乌斯尼黑岩区中段，是该区含矿性最好的岩体，属于纯橄榄岩-斜辉辉橄岩-橄长岩-辉长岩型。与铬矿有直接关系的纯橄榄岩，呈条带状或不规则状异离体产于斜辉辉橄岩中，局部密集产出，断续成带分布。全区现已发现纯橄榄岩体 1627 条，可分 16 个岩群，总面积 1.02km²，占岩体总面积的 3.9%。最大的纯橄榄岩体长 466m，宽 10~20m，一般长几米到几十米，宽几十厘米至几米。据统计，出露宽度大于 5m 者 103 条，1~5m 者 279 条，小于 1m 者 1245 条。纯橄榄岩体产状与超基性岩内部原生构造大体一致，但在主岩体的不同部位其展布方向略有不同，大致可分 30°、50°、70°~80°、340°~330°、290°~286° 和近南北向 6 组。纯橄榄岩与斜辉辉橄岩为渐变过渡关系，但过渡带仅宽 1~3cm。

3756 矿床位于岩体中部，由 25 个纯橄榄岩异离体组成，地表最长 360m，宽 12m，一般长 30~80m，宽 2~6m，以长条状为主，轴向 50°，向东南倾斜，倾角 20°~70°。

620 矿床位于岩体南端东侧，也由纯橄榄岩异离体组成。733 矿床虽距贺根山主岩体较远（其间有围岩隔开），但仍属该岩体向东延伸部分，岩体地质情况相同。

贺根山铬矿主要包括 3756、620 和 733 三个矿区，其中以赫格敖拉 3756 矿区规模最大。620 矿床及其他小型矿床，如 41、820、基东铬矿等分布于岩体南部，其储量只占总

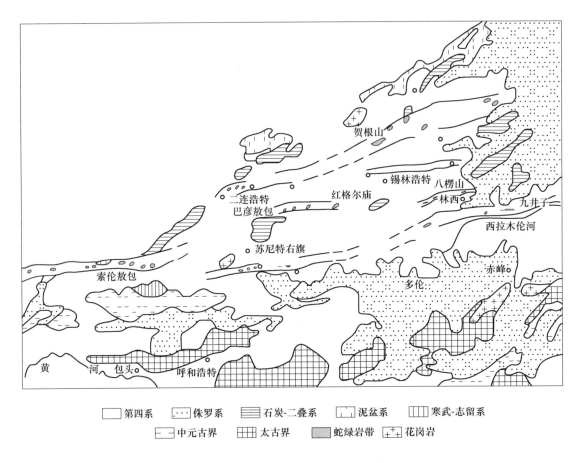

第四系　侏罗系　石炭-二叠系　泥盆系　寒武-志留系

中元古界　太古界　蛇绿岩带　花岗岩

图 3-1　内蒙古西北部蛇绿岩分布示意图

储量的 5%。位于上述矿床以东赫白地段的 733 矿床，也属小型矿。

　　3756 铬矿床位于贺根山岩体中部偏北的斜辉辉橄岩杂岩相带内，矿床地表长 830m，宽 10~300m，面积 0.13km²。主要矿体群在西南部出露地表，向北东东方向侧伏至垂深 440m，沿轴向最大延伸已控制 930m，沿倾斜最大延深 280m，总体上形成一个北东走向的含矿带（见图 3-2）。

　　3756 矿床是华北地区最大的铬矿床，由 186 个矿体群组成，其中有 59 条矿体参加储量计算，6 条主矿体的矿石储量占 90%。上述矿体向北东东（70°）方向侧伏，轴向偏角 20°，侧伏角 20°~50°，向深部有逐渐变陡的趋势。除主矿体外，其他小矿体延续性较差，一般长 10~40m，厚度仅几厘米、几十厘米到数米。矿体群总体轴向 50°~60°，倾向南东，倾角 20°~70°。矿体形态较复杂，以透镜体居多。似脉状矿体较稳定，工业意义较大。矿体与纯橄榄岩的产状相似（见图 3-3）。矿体外缘常见薄层致密隐晶质-微晶质的绿泥石外壳。成矿后断层对矿体有一定破坏作用，但往往不易识别。

　　金属矿物以铬尖晶石为主，矿石 Cr_2O_3 平均为 23.63%~27.26%，铬铁比值 $Cr_2O_3/FeO=$ 2.18~2.5。矿石是以稠密浸染状为主，占 62.04%；中等浸染状矿石占 29.69%；致密块状矿石占 4.1%；稀疏浸染状矿石占 3.67%。矿石构造包括豆斑状或瘤状构造，大部分属

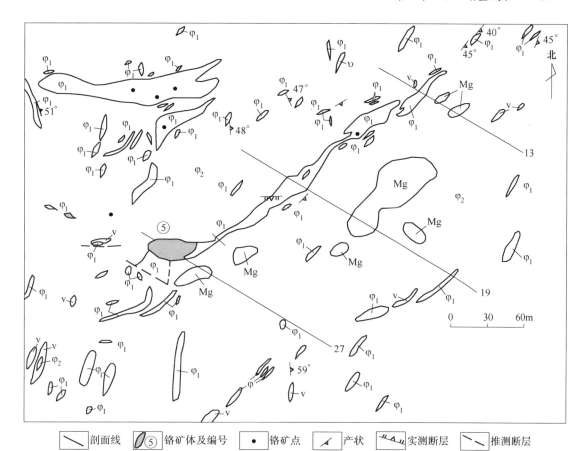

图 3-2　内蒙古赫格敖拉 3756 铬矿床地质图

v—辉长岩及蚀变辉长岩；Mg—菱镁岩；φ_2—斜辉辉橄岩；φ_1—纯橄岩

图例：剖面线　⑤铬矿体及编号　•铬矿点　产状　实测断层　推测断层

稠密浸染状矿石，少部分为块状矿石；浸染斑点状构造，稠密浸染状及细粒-中粒浸染状矿石具此类构造，为矿床的主要构造类型。

矿体主要为富铝型耐火级铬矿，仅有个别矿体为富铬型冶金级铬矿。

贺根山铬矿床存在两种成因亚型铬矿：一种是产于蛇绿岩剖面岩石莫霍面下方，局熔-改造型富铝铬矿床（简称"局熔型"）；另一种是产于岩石莫霍面上方，超镁铁质-镁铁质堆积杂岩底部的岩浆结晶-分凝型铬矿化（点）（简称"堆晶型"）。

截至 1993 年底，该矿床累计探明 C+D 级矿石储量 129.9 万吨，Cr_2O_3 23.62% ~ 27.76%；S 0.03%~0.49%，Cr_2O_3/FeO 为 2.18%~2.5%。

（二）矿床勘查史

1954 年，东北地质局 126 队在该区普查找矿发现超基性岩体及铬、镍等多处矿点。1956 年，该队在 3756 探井中首次见矿，于 1963 年提交了《内蒙古锡林郭勒盟赫格敖拉 3756 铬矿床最终勘探报告》，提交铬矿储量 125.5 万吨。1964 年，126 队重点投入外围找矿并提交《内蒙古锡盟阿尤拉海—乌斯尼黑区超基性岩及铬铁矿最终评价报告》。1965 ~ 1966 年，126 队、内蒙古地质局实验室、内蒙古 205 队共同完成"内蒙古锡盟铬铁矿床矿

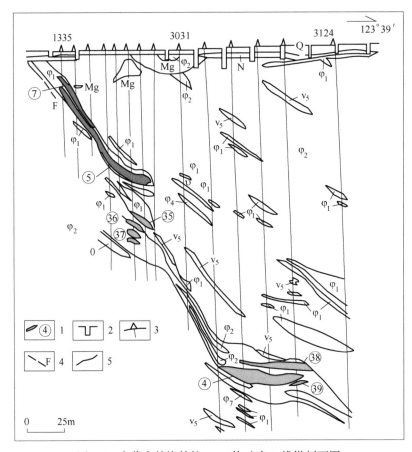

图 3-3　内蒙古赫格敖拉 3756 铬矿床 B 线纵剖面图

Q—第四系；N—第三系上新统红黏土；φ_1—纯橄榄岩；φ_2—斜辉辉橄岩；φ_7—蚀变橄长岩；v_5—蚀变辉长岩；Mg—菱镁岩；
1—铬矿体及编号；2—浅井；3—钻孔；4—推测断层地质界线；5—岩体界线

相及成矿作用"研究任务，并提交科研报告。

1971～1973 年，内蒙古区测队开展 1：20 万贺根山幅区域地质测量工作。内蒙古地质局于 1974 年成立 109 队，接替 126 队继续开展锡盟及矿区铬矿普查找矿，进一步沿 3756 矿床两端，即在北东端（4-0 线）和南西方向开展深部找矿。1975 年，以地质部华北地质科学研究所、内蒙古地质局研究队为主，109 队等单位参加，开展内蒙古集 2 线以东超基性岩分布、铬铁矿富集条件及找矿方向研究，并提交研究报告。1976～1977 年，上述单位开展贺根山岩体含矿超基性岩带的构造分析与找矿方向研究，认为距地表 300m 以下深处找到较大矿体比较困难，但对找小而富的矿体仍具有一定前景。

1980～1982 年，冶金部第一地质勘探公司地质研究室，第一物探大队、1 队、4 队、普查队及冶金部保定物探公司在贺根山—乌斯尼黑一带开展找铬工作，开展了包括以重磁为主的综合物探铬铁矿找矿工作。

1989～1992 年，冶金部天津地质研究院开展了内蒙古主要蛇绿岩带和岩体含矿性、铬铁矿成矿条件及成矿远景地质调查研究工作，于 1992 年 4 月提交了《内蒙古地区蛇绿岩带含矿（铬）性研究报告》，指出索伦山—贺根山蛇绿岩带的成矿条件最有利，索伦山和赫格敖拉岩体的含矿性最好。建议进行中深部铬矿找矿工作，扩大已知矿区的成矿远景。

并且建立了以贺根山岩体为代表的蛇绿岩套剖面，提出蛇绿岩带各类岩石的稀土含量和配分模式与世界标准蛇绿岩套的相应岩石完全可以对比，结论为典型的蛇绿岩套，确定贺根山岩体镁铁-超镁铁岩全岩 Sm-Nd 同位素等时线年龄值为（391+9.3）Ma。

（三）开发利用情况

1958 年，内蒙古锡林郭勒盟成立 582 厂，开始建厂生产。至 1962 年，共采矿石 2 万吨，地表矿体已采尽。1971 年，由国家投资，计划开采深部矿体，后因一些技术和经济问题，于 1986 年停止施工。1988 年，重新投产，矿山以采富矿石为主，已生产矿石 13163t，其中富矿石 1 万吨（$Cr_2O_3>32\%$）。对 Cr_2O_3 品位小于 30% 的贫矿石已选出精矿 400t（Cr_2O_3 38%）。

1995 年初，该矿自筹资金另行设计新生产竖井，设计井深 83.5m。至 1995 年 7 月，已掘深 71m，目的是开采 2 号矿体的富矿段，计划当年出矿 1000t，产值 65 万元，主要销往河南、山西、辽宁等省，每吨售价 680 元。精矿粉因价格亏损而停产。

二、索伦山铬矿

（一）矿床基本情况

索伦山铬矿床位于内蒙古西部巴彦淖尔盟乌拉特中旗北东 97km，地理坐标为东经 $117°18'00''$，北纬 $49°26'00''$。该地区产出索伦山（察汗胡勒、阿布格、乌珠尔）等铬矿床（点）。主要有工业价值的矿体分布于索伦山岩体西段的察汗胡勒矿区、中段的察汗奴鲁矿区及东段的土格木矿区。多数为耐火级铬矿矿石，少数为冶金级铬矿石。

索伦山岩块，东西长 32km，宽 2~6km，面积约 72km²。岩石几乎全部蛇纹石化，岩块主体由变质橄榄岩、堆晶杂岩、基性岩墙群、枕状熔岩和远洋沉积物组合组成，具有相对完整的蛇绿岩套"三位一体"的组合层序。纯橄榄岩中发育蛇绿岩豆荚状铬矿，已发现察汗胡勒、索伦山 2 个小型铬矿床和巴音 301、两棵树、巴润索伦、巴音 104、巴音查 5 个矿点。东端为阿布格—乌珠尔岩块，东西长 20km，宽 2~5km，出露面积 23km²，仅发现乌珠尔三号和桑根达来 209、桑根达来 206、桑根达来、塔塔 5 个矿点。该区铬矿产在以纯橄榄岩为主的变质地幔岩橄榄岩中，主体为富铝铬矿。

索伦山超基性岩体主要分布于索伦山超基性岩带中段，矿区范围内主要有索伦山、阿布格、乌珠尔、平顶山和哈也 5 个岩体（见图 3-4）。

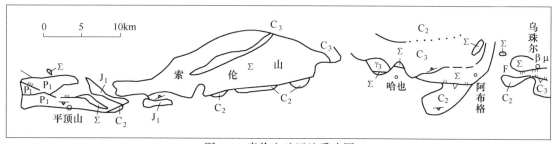

图 3-4 索伦山矿区地质略图

J_1—下侏罗统；P_1—下二叠统哲斯组；C_3—上石炭统阿木山组；C_2—中石炭统本巴图组；

Σ—超基性岩；$γ_3$—花岗岩；βμ—辉绿岩；F—断层

据区域地质资料，索伦山超基性岩带位于索伦敖包—阿鲁科尔沁旗深断裂带西段北侧（据《内蒙古区域地质志》，1991 年），断裂带西段在索伦敖包—满都拉一带沿索伦山南缘分布，走向东西。沿线分布有蛇绿岩带和混杂堆积岩。蛇绿岩带主要分布在索伦敖包、察汗哈达和满都拉以南地区，显示俯冲带的某些特点（据《内蒙古区域地质志》，1991 年）。索伦山超基性岩为蛇绿岩带的组成部分，并受深断裂导控。超基性岩体侵入时代在早二叠世之前，中、晚石炭世之后。

矿区自东向西主要岩体有：

（1）乌珠尔岩体。东西长 35km，南北宽 0.7~1.5km，东宽西窄，中部最宽 1.8km，平面上呈椭圆状。岩体走向北西西，向南倾斜，倾角 60°~70°，为一陡倾斜的单斜状岩体。岩体以斜辉辉橄岩和纯橄榄岩为主，其次为二辉辉橄岩，少量异剥岩及橄榄岩异离体。岩体类型为纯橄榄岩-斜辉辉橄岩-二辉辉橄岩型。可分为纯橄榄岩相带、纯橄榄岩-斜辉辉橄岩杂岩带和二辉辉橄岩相带 3 个岩相带。

（2）阿布格岩体。长 9.5km，宽 0.18~3.5km，东宽西窄，平面上呈透镜状。岩体走向东西，南侧向南倾斜，倾角 60°~80°，北侧向北倾斜。岩石类型主要为斜辉辉橄岩，次为纯橄榄岩、二辉辉橄岩、橄榄岩和异剥岩。岩体类型为纯橄榄岩-斜辉辉橄岩-二辉辉橄岩型。岩体划分为块状斜辉辉橄岩岩相带、过渡岩相带（又分为纯橄榄岩-斜辉辉橄岩相带和单辉辉橄岩-纯橄榄岩岩相带两个亚带）和单辉斜辉辉橄岩相带。

（3）哈也岩体。由两个岩体组成，相距 90m。北边的主岩体长 6.2km，宽数十米至 400m，呈不规则脉状产出。

（4）索伦山岩体。东西长 32km，宽 2~6km，面积约 72km^2，是区内规模最大的岩体。东西走向，南侧向北倾斜，倾角 60°~80°；北侧倾向南，倾角 50°~70°。岩体东、西两端及南、北两侧埋深浅，中部埋藏较深，呈船形。由纯橄榄岩、斜辉辉橄岩、二辉辉橄岩组成，其中以斜辉辉橄岩类为主。据岩石类型组合，可划分为块状斜辉辉橄岩相带、纯橄榄岩-斜辉辉橄岩相带和单辉斜辉辉橄岩-二辉辉橄岩 3 个相带。纯橄榄岩中发育蛇绿岩豆荚状铬矿。

（5）平顶山岩体。长 600m，宽数十米至 200m，为一脉状岩体，向南倾，倾角 30°~70°。主要由纯橄榄岩组成，含少量辉橄岩。

索伦山地区具有工业价值的铬矿床主要分布在索伦山、阿布格和乌珠尔 3 个岩体中，共分 5 个矿区，其中索伦山岩体含 3 个矿区，阿布格和乌珠尔岩体各 1 个矿区（见图 3-4）。

索伦山岩体由西向东包括察汗胡勒矿区、察汗奴鲁矿区和土格木矿区，共发现 100 多个矿体，其中近 80% 为盲矿体。矿体形态复杂多样，以透镜状、豆荚状、脉状、网脉状、囊状、巢状、筒状及不规则状等为主。规模可由数十米至 300m。矿石类型以浸染状为主，造矿铬尖晶石为铬矿（富铬型）。

其中察汗奴鲁矿区主要有主矿、11 号、41 号矿床。探明储量占全区总储量的 21.95%。主矿床共有 30 个矿体，地表出露 10 个矿体，其余均为盲矿体。以 5 号矿体最大，长 250m，厚 0.3~0.9m，延深 10~30m。Cr_2O_3 含量 11%~55%。矿体走向东西，倾向南，倾角 50°~60°（见图 3-5 和图 3-6）。

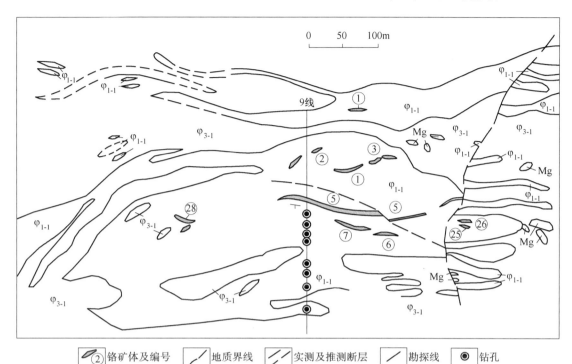

图 3-5　索伦山岩体察汗努鲁铬矿区主矿床地质

φ_{1-1}—纯橄榄岩（硅质风化壳）；φ_{3-1}—风化辉橄岩；Mg—菱镁矿

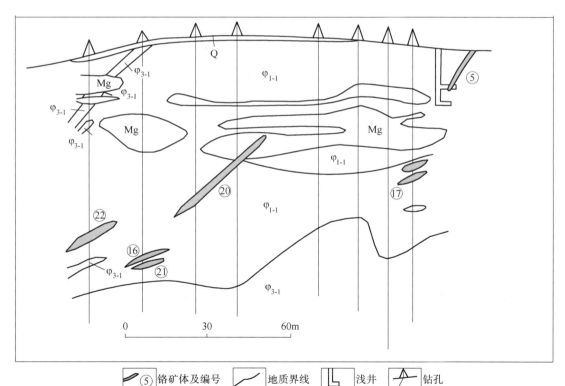

图 3-6　索伦山岩体察汗努鲁铬矿区主矿床 9 线地质剖面图

Q—第四系；φ_{1-1}—纯橄榄岩；φ_{3-1}—斜方辉橄岩；Mg—菱镁矿

察汗胡勒矿区主要有Ⅰ、Ⅱ号矿床，以Ⅰ号矿床为主，探明储量占全区总储量的15.7%，参加储量计算的有31个矿体，主要有1号、5号、6号、7号、8号和12号矿体（见图3-7和图3-8）。

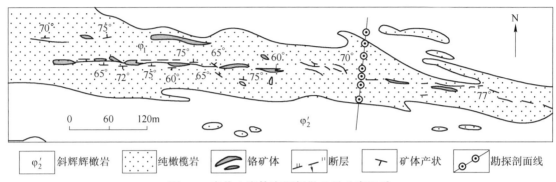

| φ_2' 斜辉辉橄岩 | 纯橄榄岩 | 铬矿体 | 断层 | 矿体产状 | 勘探剖面线 |

图 3-7　索伦山岩体察汗胡勒Ⅰ号矿床地质

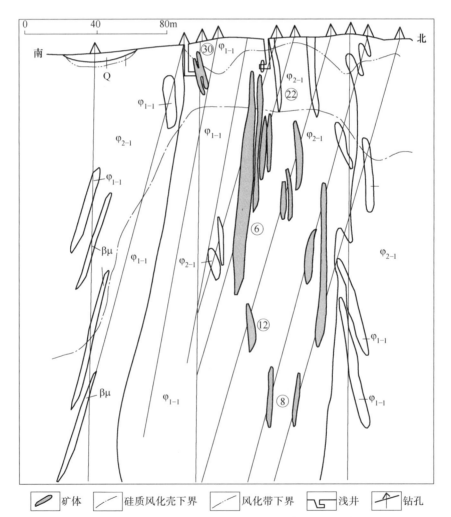

矿体　硅质风化壳下界　风化带下界　浅井　钻孔

图 3-8　索伦山岩体察汗胡勒铬矿区Ⅰ号矿床5勘探线剖面图

Q—第四系；φ_{1-1}—纯橄榄岩；φ_{2-1}—斜方辉橄岩；$\beta\mu$—辉绿岩

土格木矿区主要有两棵树、106 号、107 号、140 号矿床。除少数矿体出露地表外，其他均为盲矿体。如 103-7 号矿体长 100m，厚 0.5~2.1m，延深 100m。Cr_2O_3 品位 8.82%~43.8%。矿体呈东西走向，倾向南，倾角 35°~80°。探明储量占全区总储量的 35.8%。

阿布格矿区主要有两个矿群 Cr209 和 Cr207，其中 209 号矿群发现 37 个矿体，地表仅出露 4 个，矿体一般长数十米至百余米，厚数米，矿石品位 Cr_2O_3 8.16%~40.95%。矿体走向近东西，倾向南，倾角 60°左右。探明储量占全区 9.8%。

乌珠儿矿区有 I、Ⅲ 两个矿床，由 18 个矿体组成，仅有 2 个矿体出露地表，其他均为盲矿体。探明储量占全区的 16.9%

该区铬矿均产于纯橄榄岩-斜辉辉橄杂岩带的纯橄榄岩透镜体中，并有成群出现、成带分布特点。具工业价值的矿体多分布在岩体中部，边部仅产出囊状、巢状和透镜状的小矿体。

矿石矿物成分主要为铝铬铁矿，较之贺根山铬矿含铁略高，可能与蚀变作用较强有关。此外，含少量磁铁矿、赤铁矿、磁黄铁矿和镍黄铁矿。脉石矿物以叶蛇纹石为主，绿泥石、菱镁矿次之。

矿石呈他形-半自形晶结构、碎裂结构、碎斑结构、交代结构、网脉状结构及塑性变形结构。矿石构造复杂，主要为浸染状矿石，其次为致密块状、条带状、巢状、囊状、斑杂状、反斑杂状构造。

矿床属晚期岩浆成因类型的结晶分异、熔离、压力结晶分异式矿床。

全区累计探明 C 级储量 10.0 万吨，D 级 39.2 万吨，共计 49.2 万吨。截至 1993 年，保有 C 级储量 7.7 万吨，D 级 38.3 万吨，共计 46.0 万吨，为小型铬矿床。

(二) 矿床勘查史

该矿床于 1957 年由内蒙古地质局区调队发现，1958 年航磁及地面磁测圈定超基性岩体。1958~1963 年，内蒙古地质局先后组成 205 队、206 队和 207 队，对索伦山、阿布格及乌珠尔岩体开展大规模的铬矿普查勘探工作，提交普查、详查、勘探报告 20 多份，探明铬矿石 C_1 级储量 12.3 万吨，C_2 级 38.9 万吨，共计 51.2 万吨；表外储量 9.0 万吨，表内+表外储量 60.2 万吨。

1960~1691 年，王恒升、郭文魁等人先后在索伦山进行地质调查和研究工作。

1972 年，内蒙古地质局对索伦山地区超基性岩及铬矿床地质特征进行了研究，提出铬矿床仅限于正岩浆和晚期岩浆成因，后者按其成矿作用，可再分为结晶分异、熔离和压力结晶分异作用等。

1985 年，内蒙古地矿局地质研究队编写并出版了《内蒙古超基性岩及铬铁矿汇编》。

1989~1992 年，冶金部天津地质研究院开展了内蒙古主要蛇绿岩带和岩体含矿性、铬铁矿成矿条件及成矿远景地质调查研究工作，于 1992 年 4 月提交了《内蒙古地区蛇绿岩带含矿（铬）性研究报告》，指出索伦山—贺根山蛇绿岩带的成矿条件最有利，索伦山和赫格敖拉岩体的含矿性最好。建议在适当时期，组织一定的施工力量，在索伦山和赫格敖拉两个岩体的有利成矿部位，进行中深部铬矿找矿工作，扩大已知矿区的成矿远景。

1991 年，冶金部第一地质勘查局地质探矿技术研究所根据科研项目任务书要求，在系统收集和消化有关资料的基础上对内蒙古索伦山—乌珠尔超基性岩带中的矿产地、规模、品位、成因类型、采选条件和找矿远景等进行调研。对索伦山地区进行了实地考察，由西向东对巴音查干、索伦山、察汉奴鲁、土格木、阿不格、乌珠尔等 6 个铬铁矿区的主要矿床进行了调研；对地表主要探槽、采坑及民采坑道进行了观察；采集有代表性的标本 23 块，岩矿鉴定样 20 件。1991 年 12 月提交了《华北地区锰铬矿产找矿条件调研报告（索伦山地区铬铁矿）》，项目负责人为孙庆博、黄少奇。

（三）开发利用情况

1962 年，包头钢铁公司一厂出资与乌拉特中旗联合开采，采出矿石约 100t，因品位达不到要求而中止开采。

1965 年，乌拉特中旗组织 20~30 人在土格木矿区开采，历时年余，因矿石无人收购，于 1967 年停采。

1967 年，内蒙古军分区组织部队开采，采出矿石 2000~3000t，也因无处销售而停采。

1982 年，乌拉特中旗计委投资筹建铬矿山，主要开采 Cr_2O_3 含量在 35% 以上的富矿。当时售价 120 元/吨，销往天津同生化工厂。

1985 年，矿山筹建选厂，设计规模年产精矿粉 3000~4000t，入选矿石品位 25%，重选后精矿品位 40%，但尾矿品位达 10%。后改为强磁选流程，选厂于 1986 年投产，1987 年正式生产并达到设计规模。为保证选厂所需矿石，1987 年矿山设计斜井开采，机械化提升，设计规模年产矿石 1 万吨，生产年限 10 年，设计单位为内蒙古冶金研究所。由于矿石储量达不到设计规模，斜井进行到 170m 即停止。

1995 年，矿山主要以土法小竖井进行手掘开采，机械化斜井只作辅助性开采。年采矿石约 1 万吨，年生产精矿粉 3000~4000t。到 1994 年底，全区总计采出矿石量约 12 万吨。精矿粉销往天津化工厂、河北平定化工厂等地，售价每吨 700~800 元；部分富矿石（Cr_2O_3 35% 以上）直接销往太钢及旗铬铁合金厂，每吨售价 500~600 元。

三、陕西松树沟铬矿

（一）矿床基本情况

松树沟铬矿位于陕西商南县富水镇北 10km，西距西安市 261km。地理坐标为东经 110°51′~111°00′，北纬 30°31′~30°38′。

松树沟铬矿区处于北秦岭造山带南缘的商丹蛇绿混杂岩带中。该带是秦祁昆成矿域内的许多中新元古代—早古生代蛇绿岩带中赋存铬矿最大、最多、最老的一条蛇绿岩带，多数学者认为是晋宁期大洋闭合的产物。

出露地层主要为秦岭岩群、松树沟岩组等，出露岩体主要为新元古代二长花岗岩、辉长岩、闪长岩、花岗闪长岩、二长花岗岩。含矿岩体为晋宁期超基性岩，属南秦岭 Au-Pb-Zn-Fe-Hg-Sb-RM-REE-V-蓝石棉-重晶石Ⅲ级成矿带（Ⅲ-66B），王家河—丰北河金成矿亚带（Ⅳ-66B-4）（徐志刚 等，2008）。

松树沟岩体是秦岭造山带规模最大、唯一赋存铬矿床的基性-超基性岩体。岩体位于商南县北东约 20km 处的松树沟一带，向东延伸至河南洋淇沟，向西可达商南泥鳅凹，呈北西向展布，岩体地表呈扁平透镜状（纺锤状）。岩体走向 310°~320°，地表多向南倾，倾角 50°~80°，南侧界面转向北倾，基性-超基性岩以韧性剪切带为边界，呈透镜状岩片拼贴在商丹断裂北侧的秦岭杂岩或峡河岩群中，并处在由高压基性麻粒岩、长英质高压麻粒岩和高压不纯大理岩等构成的高压变质带中。地表测量及钻孔资料（李犇 等，2010）表明，岩体向深部趋于闭合，呈"向斜形"产出，推测岩体形态很可能是透镜状，是"无根"的构造岩片，由于剥蚀而呈锥状形态（见图 3-9）。

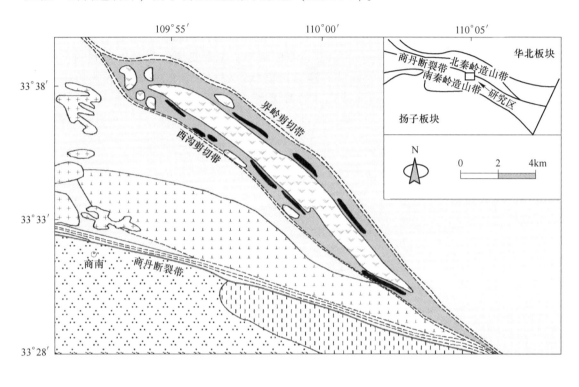

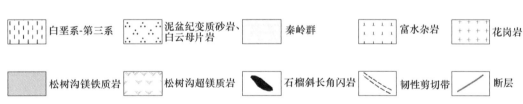

图 3-9　北秦岭商南—松树沟地区地质略图

　　松树沟超镁铁岩体的主要岩石类型有：纯橄榄岩、斜辉辉橄岩、单辉橄榄岩、透辉岩等。在体积上，以纯橄榄岩占绝对优势。矿石有浸染状、块状、层状或条带状、豆荚状或透镜状四类，主要由铬尖晶石与橄榄石以不同比例组成。

　　根据松树沟超镁铁岩体主要岩石类型分布特点及岩石组合特征，可划分为三个岩相带。这三个带呈带状展布，并具对称分布特点，有可能代表了垂向上岩石层位。由内向外依次为：（含透辉岩条带）纯橄榄岩岩相带（$Pt^3\sigma^1$）、透辉岩-透辉橄榄岩岩相带（$Pt^3\sigma^2$）、纯橄榄岩-斜辉辉橄岩（铬铁矿）岩相带（$Pt^3\sigma^3$）

　　松树沟铬矿是陕西省目前所发现的最大铬矿床，根据勘探报告统计，全省获得铬矿石储量 20.2665 万吨，而松树沟则有 16.5 万吨规模，为小型铬矿床，占全省铬矿储量的

62%以上。铬矿体90%以上出现在外部岩相带中，可圈出长度大于1m的铬矿（化）体172个，其中有工业价值的矿体48个。矿体长度0~70m，最长140m，厚0.3~2m，最大厚度5.37m，延深与延长之比一般为1∶1~1∶3，最大为1∶5。矿体表现为成带分布，成群集中于岩体边部岩相的中粗粒纯橄榄岩和条带状斜方辉橄岩中，在细粒纯橄榄岩中也有少量矿体。矿体多分布在岩体边部及上下盘凹陷处及岩体拐弯、膨大部位，尤其在上盘斜辉辉橄岩与纯橄榄岩交界处的纯橄榄岩内。岩体的拐弯、局部边界不平形成的"港湾"或台阶构造，常是铬矿体赋存部位。矿体在平面上显雁行排列特征，剖面上显示叠瓦状排列特征（见图3-10），除少数矿体受原生裂隙控制外，主要受原生流动构造制约。矿体形态绝大多数呈脉状、似脉状，少数呈不连续透镜状、扁豆状，极少数呈不规则状及串珠状。工业矿体多与围岩呈渐变过渡或迅速过渡关系，一般无清楚界线。

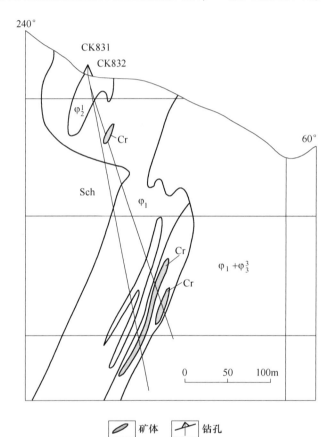

图 3-10 干沟 C29 勘探线剖面图

Sch—斜长角闪片岩；φ_1—纯橄榄岩；φ_2^1—斜辉辉橄岩；

$\varphi_1+\varphi_3^3$—含透辉石条带的纯橄榄岩；Cr—铬矿体

矿石矿物主要为铬尖晶石，并含有铂族矿物。原生脉石矿物有橄榄石、顽火辉石、透辉石，次要矿物有极少量黄铜矿、黄铁矿、磁黄铁矿、镍黄铁矿等，次生脉石矿物有蛇纹石、铬斜绿泥石、绢石、透闪石、滑石、蛭石、磁铁矿及菱镁矿等。

矿石构造简单，绝大部分为浸染状构造，主要为中等-稠密均匀浸染状及浸染条带状构造，次为准块状构造及网状浸染状构造。偶见斑杂状（包括反斑杂状）构造。

矿石绝大多数属于需选矿的浸染型贫矿，极少数为不需要选矿的低富矿，矿石中 Cr_2O_3 最高含量为 51.31%，一般为 12% ~ 20%。精矿中 Cr_2O_3 最高为 61.82%，最低为 36.51%，一般为 50% ~ 59%。精矿铬铁比最高为 3.1，最低为 1.2，一般为 1.7 ~ 2。

关于松树沟铬矿床成因认识主要有两种：一是松树沟铬矿床产于再次部分熔融的地幔残留体中的豆荚状铬矿床（董云鹏，1996；裴先治，1999）；二是松树沟铬矿床形成机制与层状铬矿床相似，形成于松树沟洋盆扩张过程中，是中粗粒纯橄榄岩在热边界层（TBL）冷凝结晶过程中岩浆分异作用的产物（李犇，2010）。

（二）矿床勘查史

1957 年，陕西省地质局区域地质测量队发现松树沟超基性岩体。

同年，冶金部西北冶金地质勘探公司第三地质队在岩体中发现铬铁矿，并开展普查工作。

1958 年，地质部 952 航空磁测大队在该区开展 1：10 万航空磁测和 1：2.5 万地面磁测。

1958 ~ 1959 年，陕西省冶金局物探队，对松树沟岩体进行了 1：5000 地面磁测 55.2km²，重力测量 4.89km²。

1961 年 3 月，西北冶金地质勘探公司第三地质勘探队在陕西省商南县松树沟铬铁矿床开展普查找矿，正式组织普查小组，寻找铬铁矿，至 1962 年底，近两年的普查找矿工作，对该区含铬超基性岩有了进一步认识，认为该岩体是以纯橄榄岩和斜方辉橄岩相为主的镁质超基性岩，铬铁矿化普遍，并发现有工业价值的矿体，因此有必要对该岩体进行详细研究和评价工作。1963 年初开始进行了岩体评价和勘探工作，截至 1967 年末，总共投入钻探 70606m，坑探 18084m，槽探 324800m³，井探 246m 及大量的物化探工作。发现大小岩体 258 个，矿点 163 个，其中矿体 38 个，获得工业储量 221090.7t。其中平衡表内储量 143496.95t，平衡表外储量 77593.8t。1968 年 10 月 30 日，西北冶金地质勘探公司在商南铬矿现场对《陕西省商南县松树沟铬铁矿床地质总结报告（1961 ~ 1967 年）》进行了汇审。1968 年 11 月 15 日形成审查意见：会议认为西冶第三地质勘探队在该矿区投入了大量的地质找矿勘探工作，一共发现了 163 个矿点，对其中 88 个进行了储量计算，报告提交表内加表外储量共 221090.70t（其中表内为 143496.90t）。

1968 ~ 1969 年，陕西省冶金地质勘探公司 713 队又重点在松树沟岩体的小松树沟区进行了找矿评价工作，项目技术负责人为韩建范。于 1970 年 5 月提交了《陕西省商南县松树沟铬铁矿床补充地质总结报告——小松树沟区》，主编人为栗茂、白云太。小松树沟上盘矿区位于商南含铬超基性岩带主岩体中段膨大部位上盘。西起中汤沟东坡，东至陕豫交界，南北宽 0.5km，面积为 1.5km²。该区自 1965 年开始进行地质找矿、勘探工作，于 1970 年 4 月止。总共投入钻探 10422.04m（30 个钻孔），坑探 2959.5m（8 个坑），发现矿点 31 个，其中对 617、614、616、647 等四个较大矿体投入了较多的工程量，共获得平衡表内储量 1577.1t，平衡表外储量 5061.6t。1969 年冬季抽出部分施工力量开展对 9 号小岩体进行岩相、构造的深部了解，总共投入钻探 944m（3 个孔）。为避免与《陕西省商南县松树沟铬铁矿床地质总结报告（1961 ~ 1967 年）》重复，此报告只叙述岩体产状变化及其对成矿的控制，主矿体地质控制程度，储量计算及 9 号岩体地质和今后意见等五个部分。1977 年 8 月 26 日，陕西省冶金地质勘探公司革命委员会对《陕西省商南县铬铁矿床补充地质总结报告》进行了审批，认为该补充报告基本反映了该区段的野外地质工作成果，同意报告中提交的储量。

1973 年 11 月，陕西省冶金地质勘探公司 713 队提交了《商南松树沟铬铁矿床成矿控制条件探讨》。认为主矿体内铬铁矿化发育普遍，主要集中于岩体上、下盘杂岩相带中。已发现的矿点及矿体 170 余个，其中有工业意义的矿体近 50 个。矿体规模，最大长140m，一般为 20~70m，延长与延深之比最大为 1：5，一般为 1：1~1：3；矿体最大厚8m，一般为 0.8~2m。矿床成因是原始超基性岩浆在侵入前或侵入上升过程中，发生熔离，形成了镁铁系列和钙镁（铁）系列两类不同性质的岩浆熔团。各系列岩浆熔团中均含有铬元素，而前者为主，因此在岩浆演化过程富集形成两大类不同性质的铬铁矿床。各系列矿床所表现特征均应属于晚期岩浆矿床。成矿控制因素：在该区的铬矿找矿实践中，总结出对该区超基性岩成矿规律的认识，其中岩相是成矿控制的主要控制因素，构造也为成矿的主要条件，即岩相是基础，构造是条件。控制成矿岩相以杂岩相为主，其中以中粗粒粗橄岩为主，其次为斜方辉橄岩；控制成矿的构造，主要为台阶构造和岩体膨大处。

1976 年，由地质部西北地质研究所、西北冶金地质研究所和西北冶金地质勘探公司第三地质队共同组成联合科研小组，对岩体深部找矿远景进行了初步研究，提交了《陕西省商南县松树沟超基性岩体及铬矿几个主要地质问题的认识和进一步找矿评价工作的建议》，认为松树沟超基性岩体为一次侵入成岩，为一顺层侵入碾槽状向斜产状。矿体分布在岩浆上侵的各种流动构造部位，深部有较好的找矿远景条件。

1977 年后，由于板块构造理论的推广和应用，西北地研所、中法合作东秦岭项目组及大专院校的专家，对松树沟超基性岩体等问题有新的见解和认识：松树沟超基性岩及富水基性侵入杂岩是东秦岭蛇绿岩套组成部分；松树沟超基性岩为岛弧及大陆造山带型的阿尔卑斯型蛇绿岩，形成于加里东期；总的化学成分上反映了该岩体是贫硅、富镁铬、少钙低铝特征，是上地幔部分熔融残留体成因。

1990~1992 年，冶金部西北地勘局和中南地勘局 605 队，分别对松树沟岩体的中段和东段进行了低品位铬矿石的远景及利用的可能性研究。1992 年 12 月，冶金部西北地质勘查局西安地质调查所提交了《河南商南—河南西峡一带低品位铬铁矿远景及其利用可能性研究（陕西部分）》报告，项目参加人为高象新、刘仰文，副总工程师为吴载钧。报告对矿区进行了低品位铬矿地质研究，按 Cr_2O_3 不小于 3% 为边界品位，不小于 6% 为工业品位，可采厚度 0.5m，夹石剔除厚度 0.5m 圈定矿体，新增低品位铬铁矿储量为 35.18 万吨，Cr_2O_3 平均品位 7.10%，铬铁比为 1.5~2.5。

（三）开发利用情况

1966 年，由沈阳铝镁设计院和兰州冶金设计院共同承担陕西商南铬矿的设计项目。

1968 年 5 月，动工兴建，于 1970 年 7 月 1 日建成投产，采选能力为 100t/d，至 1976年底闭坑。年平均采矿石 2.5 万吨，年产精矿 0.25 万吨，平均日处理铬矿石 80~90t。其间累计生产铬精矿 1.68 万吨。

1984~1986 年，商南县筹建镁橄榄石造型砂厂，选矿能力为 100t/d，1988 年生产出合格的镁橄榄石砂，年生产量 3 万吨，副产品铬铁矿 200～300t，产品销往陕西、河南、甘肃及国外。

目前已停产。

四、河南洋淇沟铬矿

(一) 矿床基本情况

河南洋淇沟铬矿位于河南省西峡县西坪镇北西 13km 处，西部与陕西省商南县富水乡接壤。矿区有简易公路与南阳—西安主干公路相接，交通较方便。矿区位于丹凤—商南深大断裂北侧，产在松树沟岩体的东段—洋淇沟超基性岩体内（见图 3-11）。

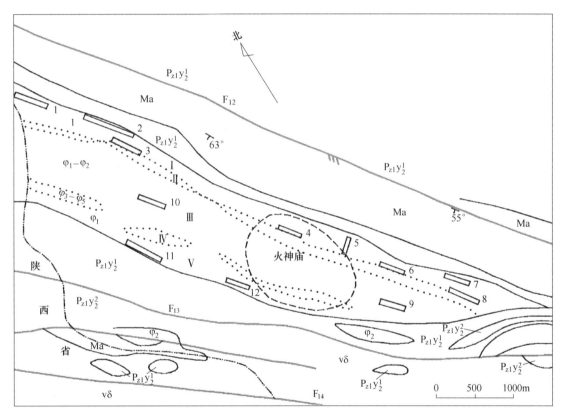

图 3-11　河南洋淇沟铬矿地质图

$Pz_1y_2^2$—赶脚沟组黑云母更长片麻岩、黑云更长片麻岩段；$Pz_1y_2^1$—赶脚沟组斜长角闪片岩、角闪岩夹大理岩；

$v\delta$—辉长-闪长岩；φ_2—辉石岩；φ_1—纯橄榄岩；φ_1-φ_2—纯橄榄岩-斜辉辉橄岩；

φ_3-φ_4—透辉橄榄岩透辉岩

洋淇沟岩体为松树沟岩体的东延部分。岩体地表形态略呈纺锤状，总体走向 310°～320°，倾向南西，倾角约 70°。岩体两侧围岩为赶脚沟组的斜长角闪片岩与角闪岩夹大理岩，呈侵入接触。岩体在剖面上呈漏斗状，上宽下窄。岩体由纯橄榄岩、斜辉辉橄岩和透辉橄榄岩-透辉岩组成，其中纯橄榄岩是岩体的主要岩石类型，约占总体面积 85%。岩石含 95%贵橄榄石-镁橄榄石，有少量辉石与铬尖晶石。纯橄榄岩又分细粒纯橄榄岩和中粗粒纯橄榄岩。细粒纯橄榄岩具他形粒状结构，粒径 0.026～0.2mm，块状构造，叶理、线理较发育，蛇纹石化较弱。中粗粒纯橄榄岩呈透镜状异离体分布在细粒纯橄榄岩中，两者为渐变关系，具粒状变晶结构，粒径 0.5～2mm，有斑晶，粒径可达 10～50mm，具块状构造、流层流面构造。铬矿在中粗粒纯橄榄岩中呈矿毛、矿条产出。纯橄榄岩的 M/F 值大于 8.4，是含矿的主要岩石。岩体中各类岩石的主要化学成分变化幅度小，纯橄榄岩与斜辉辉橄岩属富镁贫钙铝的岩石；透辉岩则属贫镁富钙铝的岩石，且含铬低。

根据各类岩石在岩体中的空间分布特点，将岩体划分 5 个岩相带：

（1）北部纯橄榄岩相带（Ⅰ岩相带），主要由细粒纯橄榄岩组成，其次为中粗粒纯橄榄岩与斜辉辉橄岩。在水地沟地段见有透辉岩细脉切穿纯橄榄岩，脉厚 1～3cm，长数厘米至数米，界线清楚。80%的矿体分布在该岩相带中。

（2）北部透辉橄榄岩-透辉岩岩相带（Ⅱ岩相带），由透辉岩脉体群切穿纯橄榄岩构成相带，宽数十米。该岩相带的铬矿化很弱。

（3）中央杂岩相带（Ⅲ岩相带），有纯橄榄岩、斜辉辉橄岩、透辉橄榄岩，其相互关系多变。铬铁矿呈浸染状产在纯橄榄岩与斜辉辉橄岩中，矿体与围岩的界线不清楚，呈渐变过渡关系。

（4）南部透辉橄榄岩-透辉岩岩相带（Ⅳ岩相带），岩石类型同Ⅰ岩相带。

（5）南部纯橄榄岩相带（Ⅴ岩相带），岩石类型同Ⅰ岩相带。也相继发现工业铬矿体。

蛇纹石化是矿区主要蚀变。在岩体边部的纯橄榄岩已全蚀变成蛇纹岩；透辉岩脉两侧及其片理化密集地段也全部蚀变成蛇纹岩。蛇纹石化有 2 期：早期蚀变强烈，以叶蛇纹石化为主；晚期蚀变较弱，以纤维蛇纹石化为主，蛇纹石化与铬铁矿分布有密切关系。

洋淇沟矿区共发现矿体 51 个（矿体厚度大于 0.1m 者），其中，厚度大于 0.3m、Cr_2O_3 平均达 12%的有 15 个矿体。矿体分布严格受岩相与构造部位的控制。80%的矿体分布在北部Ⅰ岩相带中，其次为中央Ⅲ岩相带，Ⅴ岩相带也发现有工业矿体。多数矿体产在中粗粒纯橄榄岩中，其次为细粒纯橄榄岩，个别矿体产在斜辉辉橄岩中。产在中粗粒纯橄榄岩中的矿体，矿石呈浸染状、条带状，受原生流动构造控制；产在岩体边部细粒纯橄榄岩中的矿体，矿石呈稠密浸染-致密块状，受原生裂隙构造控制，为贯入式脉状矿体。河南省地质局 12 地质队研究了铬矿体集中分布成带产出的特点，在确认 3 个岩相带含矿的基础上，进一步划分 12 个矿带。

铬矿体形态多呈脉状、似脉状、透镜状和不规则状。由于受北东向、北北东向的断层破坏，影响矿体的形态与产状。单个矿体规模很小，长 20～30m，最长 62m，厚 0.3～0.7m，最厚 2.6m，倾向延深 10～50m，最大延深 75m。铬矿体与岩体产状基本一致，走向 310°～320°，倾向南西，倾角 65°～75°。个别脉状矿体与岩体产状不一致，与岩体走向有 15°～30°交角，或呈直角相交，受原生裂隙构造产状控制。第Ⅴ岩相带 11 矿带的 505、507 矿体是典型代表（见图 3-12）。505 矿体呈似脉状，长 50m，延深 50m，平均厚 0.83m，最大厚度 2.1m，倾向 275°，倾角 55°～62°，矿石含 Cr_2O_3 平均为 30.61%，最高达 40.37%。507 矿体呈似脉状，长 50m，延深 40m，平均厚 0.64m，最大厚度 1.2m，倾向 270°，倾角 70°～80°，矿石含 Cr_2O_3 平均为 22.92%，最高为 33.95%。

矿石中主要矿物为铬尖晶石，伴生少量黄铁矿、镍黄铁矿、磁铁矿、赤铁矿，偶见铂

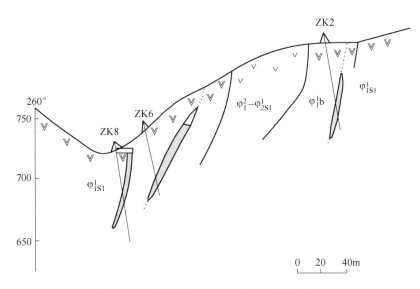

图 3-12　洋淇沟铬矿 11 矿带 348 线剖面图

φ^1_{1S0}—蛇纹石化纯橄榄岩；$\varphi^1_1 b$—中粗粒纯橄榄岩；φ^2_1-φ^1_{2S1}—蛇纹石化含辉纯橄榄岩、斜辉辉橄岩

族矿物。脉石矿物有镁橄榄石、纤维蛇纹石、叶蛇纹石、辉石、透辉石、透闪石、滑石、斜绿泥石、方解石等。

矿石结构有他形-半自形粒状结构、包橄结构、熔蚀结构与碎裂结构。铬尖晶石多呈半自形，少数为他形或自形晶，以中粗粒为主，粒径 0.2～4mm，少数呈细粒（小于0.2mm）、巨粒（5～10mm）。浸染状矿石中铬尖晶石常含橄榄石包体形成包橄结构。铬尖晶石被蛇纹石、斜绿泥石、磁铁矿等矿物交代，具毛边状、筛孔状，形成熔蚀结构。碎裂结构也很发育。

矿石构造有浸染状、条带状、斑杂状及块状等构造。浸染状构造常见，其铬尖晶石含量30%～80%；条带状构造也常见，由铬尖晶石条带与纯橄榄岩条带相间组成，条带宽5～10cm；块状构造由铬尖晶石集合体组成，含量达80%～90%。

矿石可分为致密块状、稠密浸染条带状、中等浸染条带状、稀疏浸染条带状等 4 种矿石类型。

产在中粗粒纯橄榄岩中的结晶分异作用形成的浸染状铬矿体，其矿体与围岩是逐渐过渡，无明显界线，近矿蚀变为纤维蛇纹石化、叶蛇纹石化；产在细粒纯橄榄岩中的贯入式的脉状铬矿体，矿体与围岩有明显界线，近矿蚀变以斜绿泥石或铬斜绿泥石为主；规模较大的矿体，既有早期结晶分离的浸染状矿石，又有后期贯入脉体块状矿石，其围岩兼有两种作用的特点。

冶金部西北地质勘探公司 713 队与河南省地质局 12 地质队均认为洋淇沟铬矿属晚期岩浆矿床，并分为 3 个亚类：晚期岩浆同生弱分异矿床、晚期岩浆后生矿床、晚期岩浆同生后生混合矿床。冶金部中南地质勘查局研究所王克智等人认为，洋淇沟工业铬矿床为正岩浆阶段的堆积铬铁矿床，铬铁矿形成的机制是超镁铁质岩浆的分异结晶作用。武汉化工学院鲍世聪、陈彰瑞等人认为，洋淇沟铬矿床产于东秦岭造山带的蛇绿混杂岩体中，属阿尔卑斯型（豆荚状）铬铁矿床。

截至 1990 年，洋淇沟铬矿共探明铬铁矿石 C+D 级储量 25035.9t（未上储量表），其中，表内 C+D 级 15881.8t，表外储量 9154.1t。矿石质量：Cr_2O_3 13.52%～28.53%，Cr_2O_3/FeO =1.6～2.4。

1992 年，王克智等人研究了洋淇沟铬矿低品位矿石利用可能性，并以 Cr_2O_3 为 6% 的指标圈定矿体，计算储量。8 个矿体共新增储量 61535.5t，Cr_2O_3 6.04%～12.49%。冶金部中南地质勘查局 605 队勘查 505 矿体，估算铬铁矿储量 8000t，Cr_2O_3 平均 30.61%。共计新增铬矿石储量 69544.5t。

（二）矿床勘查史

1964 年，冶金部中南冶金地质勘探公司 601 队对洋淇沟岩体开展普查工作。

1965～1967 年，冶金部组织 713 队等单位会战，重点查明松树沟岩体（含洋淇沟）铬矿远景。其中洋淇沟投入工程有：槽探 2000m^3，坑探 2753m，钻探 10215m，采样 200 件。查明了超基性岩体的岩石、岩相特点，铬矿体赋存在中粗粒纯橄榄岩和斜辉辉橄岩中；洋淇沟有 51 个矿体（厚度大于 0.1m），并对 10 个矿体进行了储量计算；探明铬铁矿石储量 2.44 万吨，Cr_2O_3 13.52%～28.53%，其中表内储量 1.54 万吨。1978 年 4 月，713 队提交了《陕西省商南县松树沟（含洋淇沟）铬铁矿床地质总结报告》。

1971～1975 年，河南省地质局 12 地质队再次对洋淇沟岩体含矿性进行远景评价。同时，地矿部中南地质研究所配合进行了专题研究。共追索圈定矿体或矿化体 51 个，参与储量计算的矿体共有 13 个，累计探明铬铁矿石储量 2.5 万吨，其中新增 D 级储量 608.1t，Cr_2O_3 13.96%～30.21%。提交了《河南西峡洋淇沟超基性岩体铬铁矿详查评价报告》。

1989～1991 年，冶金部中南地质勘查局 605 队再次对洋淇沟岩体进行成矿预测专题研究与普查找矿，参与者有高岳瞻、邝忠隆、陈富新、王自强等人。专题研究提出洋淇沟 Ⅴ 岩相带与 Ⅰ 岩相带具有相似成矿条件，505 矿体属 Ⅴ 岩相带，经民采证实有优质铬铁矿存在（民采矿石 1000t 以上，Cr_2O_3 54.66%～56.93%），且剥蚀浅，矿体保存好，并于 1989 年 12 月提交《河南西峡县洋淇沟铬铁矿成矿规律与找矿预测研究报告》。据此，在岩体 Ⅴ 岩相带开展找矿工作。投入工程有：1:5000 地质图修测 8.4km^2，槽探 4272m^3，坑探 172m，钻探 1842m。查明了西沟地段 501、505、507、405、486 等矿体形态、产状与规模，估算 505 矿体可新增储量 8000t，Cr_2O_3 18.06%～40.18%，平均 30.61%。

1990～1992 年，中南地质勘查局研究所王克智、申国华等人开展了"河南西峡一带低品位铬铁矿远景及其利用可能性研究"。以 Cr_2O_3 为 6% 的指标圈定矿体，计算储量，8 个矿体共新增储量 61535.5t，Cr_2O_3 6.04%～12.49%。1991 年，中南地质勘查局委托武汉化工学院矿山系开展"河南省西峡县洋淇沟超镁铁质岩体铬铁矿床控矿因素及找矿标志研究"。

（三）开发利用情况

当地农民首先开采地表铬矿体，以后又转入地下开采。近地表铬矿体已采完。

1987 年，筹建西峡选厂。该厂为合资经营的乡镇企业，以采镁橄榄石为主，并回收铬铁矿，为铸造型砂提供原料。建厂规模：年产矿石 1 万吨，职工 50 人，固定资产 16.7 万元，流动资金 5.3 万元。1991 年销售收入 58 万元，利税 12.6 万元，经济效益（含回收铬精矿效益）明显。

五、四川大槽铬矿

(一) 矿床基本情况

四川大槽铬矿位于四川省米易县城西水平距离 31km 处，隶属攀枝花市米易县胜利、麻陇、团结彝族乡管辖。南距攀枝花钢铁基地（攀钢）90km，距攀枝花市 120km。

大槽铬矿产于攀枝花深大断裂北侧，以纯橄榄岩-辉橄岩为主体的超基性杂岩体中，岩相分带清晰，显示层状对称构造。铬矿产于层状辉石橄榄岩中；块状铬矿体主要分布于下部纯橄榄岩岩相带中，属岩浆结晶分凝作用形成的似层状铬矿床。铬尖晶石主要为富铁铬矿，其次为富铁铝铬矿。该铬矿由冶金部西南冶金地勘局提交普查报告，获得 D+E 级储量 12.31 万吨。地矿部地质队伍主要在此带寻找铁矿和镍矿。

大槽含铬岩体分布于九层崖断裂和关门山断裂之间，其规模和形态严格受该两条断裂控制。岩体北起麻陇大槽，经放羊坪南至阿布郎当沟，长 6.4km、宽 550～1150m，面积 5.5km²；岩体呈南北向延展，北部出露较宽，达 1150m，南部较窄，仅 620～850m，中部狭窄约 570m。中部微向西突，平面上岩体极似草履形（见图 3-13）。

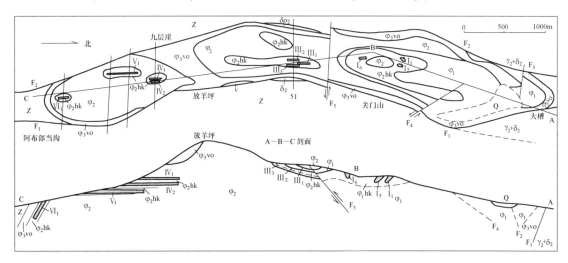

╱ 实测、推测断层 ▬ 层状铬矿体 ▭ 豆荚状铬矿体 ▯ 探矿剖面线

图 3-13 大槽铬矿区地质图

Q—第四系；Z—震旦系未分；$\varphi_3 vo$—橄榄岩；φ_2—辉橄岩；φ_3—纯橄榄岩；δ_2—闪长岩；

δo_2—石英闪长岩；γ_2—花岗岩；v—辉长岩脉；$\varphi_2 hk$—含铬辉橄岩；$\varphi_1 hk$—含铬纯橄榄岩

大槽岩体是一个以纯橄榄岩-辉橄岩为主体，橄榄岩为次的超镁铁杂岩体。岩石较新鲜，仅岩体边缘和矿化层夹石中有局部蛇纹石化现象。据野外观察、室内鉴定，大槽岩体可划分为纯橄榄岩类、辉橄岩类、橄榄岩类、橄辉岩类等几种主要岩石类型。纯橄榄岩按橄榄石矿物晶粒大小和晶形又可分为细粒、细-中粒和残碎斑状 3 种。

岩体具明显分带现象。纯橄榄岩-辉橄岩分布在岩体中心，构成中心相；橄榄岩呈薄壳围绕纯橄榄岩-辉橄岩分布，构成边缘相。中心相由纯橄榄岩、含辉纯橄榄岩和辉橄岩类（单辉-辉橄岩、二辉辉橄岩、辉闪辉橄岩）组成，占岩体出露面积 85% 以上。中心相岩石具火成层理，火成堆积结构发育，具韵律构造，呈层状产出。中心相自上而下构成一个完整的由基性向酸性演化的Ⅰ级韵律旋回层，其内按岩石组合特征和旋回韵律差异进而可划分出两个Ⅱ级旋回层，即上岩段（Σ_1）和下岩段（Σ_2），以及 4 个Ⅲ级韵律层（Σ_1^1、Σ_1^2、Σ_1^3、Σ_1^4）。其韵律层序是：纯橄榄岩-纯橄榄岩、辉橄岩-辉橄岩。边缘相分布在岩体顶部及中心四周，占岩体出露面积 10%~15%，由橄榄岩类组成，由内向外斜长石含量增多。其产状与中心相火成层理间有较大交角，与中心相不同岩层相接触，环绕中心相呈陡倾斜带状分布。中心相与边缘相及各岩段间无截然界面，呈渐变过渡关系。岩体属超基性岩浆同期侵入就地分异的纯橄榄岩-辉橄岩-橄榄岩杂岩体。大槽岩体以相对低镁、贫铝、碱、钙和富铁、铬、钛为其特征，属铁镁质超基性岩。

铬矿化于岩体中心相下岩段纯橄榄岩带上部和上岩段纯橄榄岩、辉橄岩互层带近顶部。前者铬矿化较强，产豆荚状铬铁矿；后者具层状矿化特点，产层状铬铁矿。豆荚状铬铁矿产于细粒纯橄榄岩中，延伸极不稳定，规模小，长数米至十余米，呈脉状、串珠状产出，Cr_2O_3含量 5.4%~47.37%。层状铬铁矿产于含铬层状辉橄岩中，层位稳定，具一定规模，为矿区主要的铬矿层位，是矿区勘查和圈定矿体的主要对象。矿体与围岩一般无明显界限，依据分析结果圈定矿体。

矿区共有大小矿体 13 个，其中，豆荚状矿体 6 个（I_1~I_6），层状矿体 7 个（Ⅲ$_1$、Ⅲ$_2$、Ⅲ$_3$、Ⅳ$_1$、Ⅳ$_2$、Ⅴ$_1$和Ⅵ$_1$）。其中Ⅲ$_2$、Ⅲ$_3$、Ⅳ$_1$和Ⅴ$_1$为主要矿体，并计算了储量。矿体走向长 59~330m，最大倾斜推 110m，厚 0.80~1.10m，呈层状和似层状。矿体产状与围岩一致，走向北北西—北北东，倾向 235°~282°，倾角 28°~38°，矿体出露标高 2180~2670m（见图 3-14）。

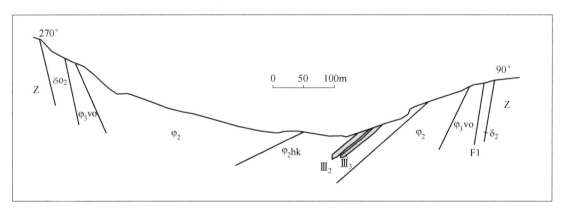

图 3-14 大槽铬矿 51 号线剖面图

Z—震旦系；$\varphi_3 vo$—橄榄岩；φ_2—辉橄岩；δ_2—闪长岩；δo_2—石英闪长岩；$\varphi_2 hk$—含铬辉橄岩

矿石矿物主要为铬尖晶石类矿物、少量磁铁矿、钛铁矿和微量磁黄铁矿、镍黄铁矿等。铬尖晶石类矿物含量 10%~30%，豆荚状铬矿中铬尖晶石含量可高达 95%；脉石矿物主要为橄榄石、辉石，其次为蛇纹石及少量角闪石、斜长石、金云母等。矿石具自形-半自形晶粒结构、假斑嵌晶结构，显微网链结构、固熔体分离结构。具浸染状、条带状、块状和斑杂状构造。

铬尖晶石呈自形、自形-半自形极细-细粒晶，粒度 0.05~0.3mm，个别达 0.5mm 以上。造矿铬尖晶类矿物为富铁铬铁矿，次为含铁富铁铝铬铁矿和少量的高铁铝铬铁矿；副矿物铬尖晶石多数为含铁富铁铝铬铁矿，部分为含铁高铁铝铬铁矿。

矿床成因类型属岩浆晚期铬铁矿矿床，为与板内裂谷、深断裂有关的环状基性-超基性杂岩结晶分凝似层状铬矿（卢记仁 等，1988）。

矿区探明 D+E 级铬矿石储量 12.31 万吨，Cr_2O_3 平均品位 9.11%（未上储量表）。其中，D 级 7.77 万吨，Cr_2O_3 平均品位 9.21%；E 级：层状矿石储量 4.54 万吨，Cr_2O_3 8.97%；豆荚状矿石储量 428t，Cr_2O_3 15.51%。

（二）矿床勘查史

1959 年，四川省地质局 104 队发现大槽超基性岩体，于同年至 1961 年对岩体边缘相带开展铜、镍矿普查工作，并投入钻探等重型山地工程，探获镍金属储量 18178t、铜 3427t，认为矿体规模小、品位低，不具工业价值。

1972 年，四川省地矿局第一区测队，在该区开展 1:20 万区域地质调查，圈出 Ⅱ 级铬铁矿重砂异常，面积 8km²，与岩体形态基本吻合。

1986~1987 年，冶金部西南冶金地质勘探公司科研所，开展"川、滇地区基性-超基性岩及铬铁矿找矿前景"研究工作，在所撰论著中指出大槽岩体具有一定的找矿前景。

1988~1989 年，冶金部西南冶金地质勘探公司科学研究所实施"四川米易大槽纯橄榄岩含铬性及橄榄石工业应用"，该课题是冶金部西南冶金地勘公司 1988 年 2 月审批立项下达的，由聂勋敏任课题组组长，课题组成员为范昭林、徐德章、黄鹏。历时两年，取得成果为：通过实测剖面，建立起大槽超基性岩体岩性柱状剖面，划分了岩体的韵律旋回；并通过镜下鉴定、化学分析初步查明了岩体的岩石类型和物质成分。在大槽矿区开展研究工作过程中发现了岩体的含铬部位，找到了层状铬铁矿及豆荚状铬铁矿。撰有《四川米易大槽超基性岩含铬性及橄榄石工业应用研究》论著，讨论了大槽超基性岩体成岩、成矿机制；提出了岩体既具有阿尔卑斯型超基性岩体的特征，又具有层状基性-超基性杂岩的特点；既有层状铬铁矿，也有豆荚状铬铁矿。因此，认为它是地幔高度部分熔融分凝残余物，与攀西地区大面积分布的层状基性-超基性杂岩是同源的"幔源残余物"。而且指出岩体在铸造、装饰石材上的潜在经济意义：整个岩体就是一个具有巨大价值的综合性原材料基地。概算潜在铬铁矿石远景地质储量 56.68 万吨，Cr_2O_3 平均品位 6.67%，耐火用橄榄石（铸型砂、涂料）远景储量为 54519.35 万吨，石材储量 4117.78 万立方米。项目组于 1989 年 12 月提交报告，1990 年 5 月 30 日西南冶金地质勘探公司科学研究所进行评审（西南冶地科〔1990〕科审字 5 号）。

1989 年，冶金部西南地质勘查局 601 大队，在大槽岩体北段开展铬铁矿概查，又相继发现层状铬铁矿和豆荚状铬铁矿点和矿化点，取得了对岩体含铬性的新认识，为矿区开展铬铁矿普查奠定了基础。

1990~1991 年，冶金部西南地质勘查局 601 大队，在 1989 年概查基础上重点对层状铬铁矿全面开展普查工作。投入主要实物工作量：1:2000 地质草测 6.4km²，槽探 16733m³，浅井 27.3m，坑探 79.8m，刻槽样 234 件，单矿物分析 12 件，岩矿鉴定样 448 件。参照北京放马峪铬铁矿床边界品位 4.5%、最低工业品位 5%、最小可采厚度 0.5m、夹石剔除厚度不小于2m的工业指标，对5个主要矿体计算储量，于1992年5月编制提交《四川省米易大槽铬铁矿区普查地质报告》。经冶金部西南地质勘查局〔1995〕地字22号文同意批准普查报告，批准表内D+E级铬铁矿石储量12.31万吨，其中，D级储量7.77万吨。指出矿床规模小，矿石品位低，目前尚难利用，待做耐火材料（炉衬涂料）试验成功后，方可进一步勘查和开发。报告资料和储量可作远景规划和边探边采的依据。

（三）开发利用情况

大槽铬矿主要为层状铬铁矿贫矿石，次为豆荚状富矿石。贫矿石需选矿后才能利用；豆荚状富矿体有6个，规模极小，可供民采。20世纪90年代，601队与成都无缝钢管公司耐火材料研究所合作试验开发低品位层状铬铁矿，拟作代替连铸炉衬镁铬涂料试验，取得初步效果。

六、河北高寺台铬矿

（一）矿床基本情况

河北高寺台铬矿床位于河北省承德市350°方位，直距17.5km处，隶属承德县高寺台镇杨树底村管辖。矿区中心地理坐标为东经117°54′00″，北纬41°07′00″，面积0.40km^2。

高寺台铬矿床分布于大庙—娘娘庙深断裂南侧，崇礼—承德超基性岩带的东端。岩体分异较好，岩相分带明显，呈对称的环带状分布，自中心向外依次为纯橄榄岩相、辉橄岩相、透辉岩相和角闪岩相。铬矿主要赋存于纯橄榄岩和蛇纹石化纯橄榄岩中，铬尖晶石成分均为高铁铬铁矿。其形成时代为213Ma，属于早中生代、印支期产物（李立兴，2012）。

高寺台含铬超基性岩体位于红石砬—大庙断裂带南侧。岩体平面形态近椭圆形，东西出露长8km，中部最宽1km，面积约为6.25km^2。岩体向西侵入到新太古界单塔子群变质岩系中，向东被中侏罗统砾岩、安山岩和第四系松散层所覆盖，中部膨大向北突出。成矿区带属于内蒙古隆起东段Fe-Au-Ag-Pb-Zn-Mo-U-P-膨润土Ⅲ级成矿亚带（Ar$_{31}$，Pt$_2$，V，I，Y）（Ⅲ-57②）（徐志刚 等，2008）。

高寺台含铬超基性岩体具有环状分带的特征，核部为纯橄榄岩，向外为辉橄岩，边缘为辉石岩和角闪石岩，各岩相略呈对称环带分布。粗粒纯橄榄岩分布于岩体中轴核心部位偏北部，中、细粒纯橄榄岩依次大体环绕粗粒纯橄榄岩分布，它们构成了岩体的主体。辉橄岩和橄榄辉石岩分布于细粒纯橄榄岩岩相的两侧，辉石岩主要分布于岩体的东西两端和岩体中段南北两侧，构成不完整的岩体镶边，角闪石岩仅局部集中分布于岩体东端南侧和岩体西端北侧。

纯橄榄岩是赋存铬铁矿的主要岩石，岩体中的纯橄榄岩岩相是一个整体的岩相带，根据结构不同而划分粗、中、细粒纯橄榄岩，它们之间没有明显的界线，呈渐变关系。粗粒纯橄榄岩橄榄石呈自形-半自形不等粒状，粒径3~10mm，蛇纹石化网格构造发育，橄榄石残晶只达40%，岩石蛇纹石化强烈；中粒纯橄榄岩中橄榄石粒径1~3mm，呈半自形-自形等粒状；细粒纯橄榄岩中橄榄石粒径一般在1mm以下，呈自形等粒状。

铬矿体集中分布在岩体中部膨大向北突出部位的粗粒纯橄榄岩中部，矿体连续性好，但多有膨缩、分支和复合的特点，绝大多数矿体延深与延长大体相同，倾向北，倾角50°~70°。矿体形态复杂，主要为扁豆状、透镜状、脉状、似脉状（见图3-15）。

图3-15 河北承德高寺台铬矿2号勘探线剖面图

Q—第四系；φ_{1-1}—粗粒蛇纹石化纯橄榄岩；As—滑石片岩；Cr_3—三级铬矿化带

全区参加储量计算的矿体共计259个，其中表内矿体112个，表外矿体33个，难用矿体169个。工业矿体规模一般较小，最大者长95m，倾斜延深92m，厚度最大13.5m，最小0.5m。较大的工业矿体为8号、10号、12号、13号、14号，单个矿体储量均超万吨，合计储量占表内储量的77.1%。

金属矿物主要为铬铁矿，其次有少量磁铁矿、黄铁矿及铂族矿物；脉石矿物主要为橄榄石、蛇纹石及少量绿泥石、云母、铬云母、蛭石等。

铬尖晶石多为自形、半自形中粗粒或不等粒结构。矿石构造主要有致密块状、浸染状、同生角砾状和网环状、斑点浸染状及浸染条带状构造等。

关于矿床成因类型，有人认为属岩浆早期矿床和岩浆晚期矿床的混合类型，也有人划为岩浆晚期矿床。朱明玉等人（2004）研究认为岩体属于阿拉斯加型岩体，产于阿拉斯加型岩体中的铬铁矿床全部赋存在纯橄榄岩相中，而在连续的结晶分异演化的辉橄岩-辉石岩-角闪石岩中都没有铬铁矿化。因此，铬铁矿的形成与岩浆早期的结晶分异作用有关，属于早期岩浆矿床，铬铁矿化的规模与纯橄榄岩相的规模呈正相关关系，并提出高寺台铬矿的成因模式如下：

（1）二叠纪末—三叠纪初期（约250Ma），华北克拉通与西伯利亚板块碰撞后的伸展阶段，由于软流圈物质的上涌，形成了生成高寺台超基性岩体的母岩浆，橄榄石最先结晶分异出来，沉淀在岩体的核部和底部；

（2）随着岩体的上升侵位，岩体分异得更加彻底，形成了由内向外依次为纯橄榄岩、辉橄岩、辉石岩、角闪石岩的环状杂岩体，并在内部的纯橄榄岩相中发育铬铁矿体；

（3）岩体沿着红石砬大庙断裂迅速上升侵位，形成高寺台含铬铁矿超基性岩体，并受后期抬升、剥蚀作用出露地表。

矿区累计探明铬矿石储量17万吨，Cr_2O_3 平均品位14.12%，其中，C级6万吨，Cr_2O_3 平均16.12%；D级11万吨，Cr_2O_3 平均13.01%；表外矿石储量2万吨，Cr_2O_3 平均7.89%。截至1993年底，保有铬矿石储量17万吨，其中C级6万吨，D级11万吨。

（二）矿床勘查史

1940~1943年，日本人在该区做过简略地质调查，记载了蛇纹岩体内铬铁矿体的产状及分布范围，认为蛇纹岩内有铬矿体存在，但规模很小，都不能开采。

1954年，东北地质局116队对高寺台超基性岩体进行勘查，开展了1∶1万和1∶2000比例尺地质测量，投入了槽探、浅井及人工重砂工作。于1955年提交《热河承德高寺台前沟铬铁矿矿产普查报告》，其远景评述意见认为，铬矿矿体规模小，深部也无大的盲矿体，无进一步勘探价值；其他伴生镍矿、钛磁铁矿、铂族元素及脉金、砂金等，都因矿体小、品位低，也无工业价值。

1954年4~12月，冶金部东北地质分局104队在矿区进行详查工作，投入1∶2000比例尺地形地质测量及大量槽探、浅井工程，提交了《河北承德高寺台前沟铬铁矿地质简报》，根据地表调查结论意见认为，由于对深部了解研究不够，该区地表以下是否存在大矿体，尚不能定论。

1957年5月~1958年8月，冶金部地质研究所东北分局104队又在此地投入大量工程，同时对岩体地质、铬铁矿化特征进行了研究，提交了《河北省承德高寺台超基性岩体及铬铁矿》专题报告，其结论意见认为，由于没有深部工程，对深部评价尚有困难。单从地表出露矿体看，矿体规模小，分布零星，不适于开展大规模勘探工作。但根据岩石全分析资料，按查瓦里茨基方法计算，其 S、b、f、m 和 Q 值在同一方向上，向深部显示有规律的变化，岩石密度越往深部越大，说明深部有盲矿体的可能。若开展勘探工作，应以找盲矿体为主，但应先进行重力测量工作。

1958年8月，冶金部华北地质勘探公司513队根据以往地表工程揭露，进行实地检查和综合分析，提出地表已全部搞清，今后无需再做任何地表工程，建议在超基性岩内投入详细的物探工作。

1959~1962年，河北省地质局承德综合地质大队在该区使用了地质、物化探、钻探、坑探及槽、井探工程等综合方法，对含铬超基性岩体进行综合评价。于1964年提交了《承德市高寺台含铬超基性岩体群综合评价报告》，其主要结论是：该区铬矿体规模小，分布零星, 工业价值不大。通过工作进一步肯定有铂的存在, 给今后寻找铂矿提供了线索。

1961 年 6～11 月, 地质部综合物探大队第二分队开展 1：5 万磁法和化探工作, 于 1962 年 3 月底提交了《承德高寺台—头沟地区 1：5 万磁法、化探工作报告》, 认为该区找铬矿较有希望, 应集中在高寺台超基性岩中部偏北地段进行工作。

1969～1975 年, 河北省地质局第 10 地质大队在该区进行了勘探工作, 先后投入钻探 34978m, 共计 154 个钻孔, 坑探 1824.8m, 槽探 20816m^3, 浅井 427m, 于 1970 年提交了《高寺台铬铁矿地质勘探中间报告》, 1973 年提交了《高寺台铬铁矿储量核实说明书》, 1976 年提交了《河北省承德县高寺台铬铁矿地质勘探总结报告》。提交铬矿石表内 $C_1 + C_2$ 级储量 170197t, Cr_2O_3 品位 14.12%, 其中, C_1 级 60449t, Cr_2O_3 品位 16.12%；C_2 级 109748t, Cr_2O_3 品位 13.01%；表外储量 20237t, Cr_2O_3 品位 7.98%。

1986～1987 年及 1989 年, 冶金部第一地质勘查局地质探矿技术研究所, 开展了河北北部（含京、津地区）基性-超基性岩及铬铁矿找矿预测研究工作, 于 1989 年 12 月提交了《河北省北部（含京、津地区）基性-超基性岩及铬铁矿找矿预测地质报告（1986 年、1987 年、1989 年）》, 项目负责人为牛广标, 主要参加人员为王子鸣。报告指出：高寺台矿区工作主要集中在所谓 300m 局部地段, 外围工作很少, 未发现规模较大的铬矿体。就全区（岩体）来说, 认识尚未完结, 现有工作程度还不能作出全面评价, 因而有必要进一步扩大远景, 增长储量, 继续投入相应的工作是必要的。

1990 年, 冶金部第一地质勘查局地质探矿技术研究所在河北省承德县高寺台选矿厂南山开展了普查工作, 项目负责人为王子鸣, 主要人员为郭宝忠。通过两个钻孔共 810m 的深部验证, 仅见铬矿化, 未见工业矿体。其结论意见认为, 选矿厂南山 0.6km^2 范围内, 岩体岩石类型变化不明显, 岩浆分异作用较微弱, 铬铁矿化微弱, 无进一步工作必要。1991 年 4 月, 冶金部第一地质勘查局对此次普查工作进行了评审、验收。

（三）开发利用情况

该矿曾由承德钢铁厂于 1969 年 12 月开始筹建矿山, 选厂规模计划 50t/d。至 1974 年共投资 240 万元, 矿山建设已略具雏形。20 世纪 70 年代为了缩短基本建设战线, 集中力量搞重点工程, 根据上级指示, 高寺台铬矿于 1974 年后停建, 至今尚未开发, 现有矿山设备早已转作他用。矿山停建以来, 尚无县、乡级集体企业采矿, 只有当地农民个体挖矿。

七、陕西冯家山铬矿

（一）矿床基本情况

陕西冯家山铬矿区位于陕西省宁强县庙坝乡冯家山村, 南距华严寺沟口 4km 有山区小路。

冯家山矿区含矿层总体走向 210°～260°, 倾向 130°～170°, 倾角 25°～35°, 局部达 65°。含矿层出露长度约 1100m, 厚 0～10.6m（见图 3-16）。岩性从下而上由绢云母板岩、砂岩铬铁矿、含铬砂岩、石英砾岩等组成, 偶见白云岩透镜体。岩层厚度及岩性变化均较大。含矿层总体上以中粗粒碎屑岩为主，组成一个明显的海退层序。含矿层内砂岩类岩石成熟度很高，尤其是下部的砂岩铬铁矿成熟度更高，砂粒和杂基中几乎没有不稳定组分；向上成熟度逐渐变低。铬铁矿砂粒磨圆度很高，粒度均一。而石英砂则普遍具有棱角，与铬铁矿砂明显不同，显然不是同出一源。自矿区北东向南西方向，沉积物粒度逐渐变细，块状砂岩铬铁矿（富矿）和石英砾岩仅分布在矿区北部，矿区以南为条带状含铬砂岩（贫矿），并夹有泥岩。含矿层厚度变化较大，从 0~10.6m，一般厚 2~5m。

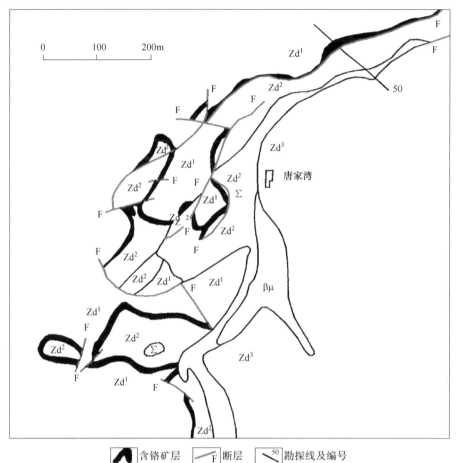

图 3-16 冯家山铬矿地质图

Zd^1—白云岩、灰岩；Zd^2—硅质岩、板岩、白云岩；Zd^3—灰岩、白云岩；Σ—超基性岩；βμ—辉绿岩

铬铁矿体赋存于含矿层的下部或底部，多呈透镜状、扁豆状和豆荚状产出，产状与围岩一致。矿体在走向、倾向上变化很大，常尖灭再现，尤其在倾向上常迅速尖灭。地表共圈出 14 个矿体，矿体产状多倾向南东，倾角 25°~45°。从 11 个钻孔均为见矿的实际资料分析，矿体延深很小。各矿体中部和中下部常富集成一些小富矿扁豆体。矿体中常见燧石和白云岩夹层或透镜体（见图 3-17）。

矿石矿物成分比较简单。矿石矿物主要为铬尖晶石类；脉石矿物主要为石英、绢云母、铁白云石，其次为铬云母、绿泥石等，另有微量电气石、锆石、榍石、金红石、白钛石等副矿物。

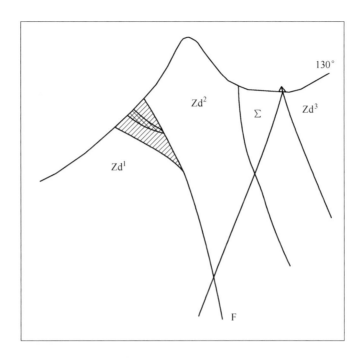

图 3-17 冯家山铬矿 50 线（九号矿体）剖面图

Zd^1—白云岩、灰岩；Zd^2—硅质岩、板岩、白云岩；Zd^3—灰岩、白云岩；Σ—超基性岩

矿石中 Cr_2O_3 6%～36.03%，平均 12.08%；FeO 平均含量 11.64%，与 Cr_2O_3 呈正消长关系；SiO_2 含量在 30%～65%，平均为 51.06%，与 Cr_2O_3 呈反消长关系。原矿铬铁比为 1～1.5，精矿为 2.4。

铬铁矿单矿物分析结果为：Cr_2O_3 54%，FeO 18%，$Cr_2O_3/FeO = 3$。

矿石常呈细粒砂状结构、矿裂结构。砂状结构为铬尖晶石、石英砂由泥质、铁质紧密胶结而成。矿石构造有浸染状、条带状、条纹状、块状、角砾状及豆状构造等。矿区中，以砂状结构和浸染状、条带状及块状构造最发育。

矿床产于海相沉积的硅质白云岩建造中，含矿层为富含铬铁矿砂岩。矿石条带、条纹整齐稳定，具典型的砂状结构，磨圆度好。矿带与围岩界线清楚，层面平直，无蚀变、交代现象。成因类型为砂岩型沉积铬铁矿矿床。

矿区 14 个铬铁矿矿体按工业品位 Cr_2O_3 大于 6% 的指标圈定，共求得地质储量 6.27 万吨，Cr_2O_3 平均为 12.08%。储量未经审批。

(二) 矿床勘查史

1983 年 8 月，西北有色金属 711 地质勘探队发现此矿。1984 年 3～11 月，该队对矿床进行了地表及深部评价，于 1985 年 8 月提交了《陕西省宁强县冯家山铬铁矿矿床地质找矿评价报告》，认为冯家山铬铁矿床是受地层和沉积岩相控制的砂岩型铬铁矿矿床。

1988 年 5～8 月，西北冶金地质勘探公司西安地质调查所在前人工作基础上，通过

1：2000地质图修测，地表工程和采集各类样品等工作，对冯家山铬铁矿做了进一步调研；1989年7~12月，又选择9号、2号矿体进行了浅部穿脉控制，完成硐探150.8m，于1990年2月提交了《陕西省宁强县冯家山铬铁矿调研报告》。通过工程证实该矿床属沉积成因的砂岩型铬铁矿矿床。也有人依据含矿块体呈不等的角砾和矿体延深很小等特征认为：早期形成砂岩型铬铁矿，后经构造作用，产生崩塌或滑塌再堆积于白云岩中而形成。报告指出矿床地质特征、远景规模已基本查清，属规模小、品位低、矿石选矿工艺复杂、回收率低的砂岩型铬铁矿床，其工业意义不大。

西安冶金建筑学院曾对冯家山铬矿的开发利用进行过研究，认为该矿铬铁矿石用于制作红矾钠最为合适。

（三）开发利用情况

20世纪80年代，当地农民用土法自发开采此矿，采富弃贫，开采量不清。

八、湖北太平溪铬矿

（一）矿床基本情况

湖北太平溪铬矿区位于湖北省宜昌县太平溪镇境内，东距宜昌市42km，有公路相通。三峡水库建成后，长江水路可直达矿区。矿区位于黄陵背斜核部南端，铬矿产在太平溪超基性岩体内，包括天花寺、梅子厂、青树岭等矿区，东西长12.7km，南北宽1km，面积约14km²（见图3-18）。

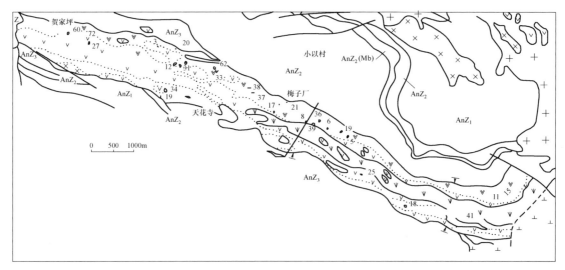

图例：十十黑云母斜长花岗岩 ⊥⊥闪长岩 ××辉长岩 ∨∨基性-超基性杂岩 ∨∨辉橄岩-橄榄岩 ∨∨纯橄榄岩 ◯铬铁矿点（矿化点）及编号

图3-18 太平溪超基性岩体地质

Z—震旦系；AnZ₃—庙湾组；AnZ₂—小以村组上段；AnZ₂（Mb）—小以村组下段；AnZ₁—古村坪组

太平溪超基性岩体呈岩墙状，面积约14km²。走向北西西，倾向北东，倾角60°~85°。岩体内流线构造与裂隙构造发育。该岩体主要由纯橄榄岩、巨晶纯橄榄岩、辉橄岩-

橄榄岩 3 种岩石类型组成。岩体内，常见有辉石岩、透闪岩、辉长岩、滑石菱镁矿脉岩。在空间上，岩体东段岩脉发育，西段较少。太平溪超基性岩体经历强烈蚀变，发育蛇纹石化、透闪石化、绿泥石化、滑石化、菱镁矿化，其中，蛇纹石化、绿泥石化具有多期性。近矿的巨晶纯橄榄岩见有褪色蚀变现象。

该区已发现铬铁矿点及矿化点 57 处，分布在岩体南北两侧纯橄榄岩相带中，其中，尤以北侧岩相带矿点最密集，有梅子厂、赵家湾等铬矿区。矿体呈群出现，构成含矿带。含矿带走向北西西，倾向北，倾角 55°~80°。矿体在含矿带中呈雁行状排列，在剖面上呈叠瓦状，沿倾向断续出现。含矿带规模长 70~250m，宽 20~50m，倾向延深 50~200m。

梅子厂矿区有矿体 38 个，组成 5 个含矿群，构成北西西走向含矿带。其中，1 号矿群由 12 个矿体组成，长 200m，宽 20~50m，倾向延深 200m，该矿群以 2 号矿体最大；2 号矿群由 16 个矿体组成，长 120m，宽 40m，倾向延深 180m，该矿群以 18 号矿体最大（见图 3-19）。

青树岭矿区有 4 个矿带。其中，1 号矿带由 3 个矿群组成，长 200m，宽 40m，延深 200m；2 号矿带由 2 个矿群组成，长 180m，宽 15m；3 号矿带由 2 个矿群组成，长 96m，宽 18m，延深 150m；4 号矿带长 140m，宽 20~40m，倾向不连续。

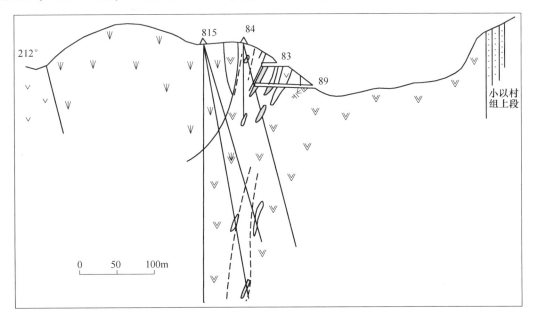

图 3-19　梅子厂矿区 0 线地质剖面图（位于平面图 II 线北半部）

铬铁矿体以透镜体、脉状体为主，其次为豆荚状、眼球状、不规则状。矿石矿物主要有铬尖晶石，其次为磁铁矿，有少量钛铁矿、赤铁矿、黄铁矿、磁黄铁矿、黄铜矿、自然铜。脉石矿物以蛇纹石、绿泥石为主，其次为滑石、菱镁矿、透闪石、铬绿泥石、铬石榴子石等。

矿石具半自形-自形结晶结构，粒径不等。铬尖晶石粒径 0.5~4mm，个别达 5~7mm。

浸染状矿石的铬尖晶石粒径小，一般为 0.5~0.8mm；块状矿石粒径粗 2~4mm。矿石还具有包含结构、海绵陨铁结构、环带结构及碎裂结构。

矿石构造以浸染状构造为主（铬尖晶石占 30%~80%），其次为块状构造（铬尖晶石大于 80%）、脉状构造和斑杂状构造。

近矿围岩发育蛇纹石化、绿泥石化，少见新鲜橄榄石。在铬矿体与围岩接触处，绿泥石多呈 1~2mm 薄壳分布在矿体周围。矿体由块状矿石、稠密浸染矿石构成，发育镁质斜绿泥石化；当矿体经压碎由稀疏浸染状矿石构成时，蚀变强则发育铬绿泥石化。铬尖晶石经蚀变呈同心环带结构，中心部位为橙色，边缘部位显褐红色或暗红色，不透明，具磁性。铬绿泥石交代斜绿泥石，表明生成稍后。

矿床成因类型属赋存在纯橄榄岩岩相带中，与巨晶纯橄榄岩有关的岩浆晚期矿床。

截至 1993 年底，全矿区共探明（保有）铬铁矿石 B+C+D 级储量 3 万吨，其中，B+C 级储量 2.9 万吨，D 级储量 1000t。矿石质量中含 Cr_2O_3 9.10%~10.04%。伴生钴 3.7t；伴生镍 28.4t。

（二）矿床勘查史

1958 年，北京地质学院清江队在黄陵背斜开展 1：20 万地质测量，首次发现太平溪岩体。

1958 年，冶金部鄂西矿务局 609 队三斗坪普查队在太平溪地区开展 1：5000 地质测量，经槽、井探揭露，初步调查了太平溪岩体及其铬、镍矿的分布。

1959 年，中国科学院 108 队对太平溪岩体测绘 1：2000~1：5000 地质剖面 24 条，重砂取样 58 个，在重砂中发现了铬铁矿，明确提出该区具有寻找铬矿床希望。

1959 年，湖北省地质局鄂西地质队在太平溪岩体进行综合普查。

1960~1962 年，冶金部中南冶金地质勘探公司 609 队在矿区进行详查。投入工程有：1：1 万地质测量 21km²，1：2.5 万水文地质测量 42.5km²，1：2000 地质测量 6.1km²，钻探 2243m，坑探 243m，浅井 466m，槽探 34335m³，取样 2688 件。1962 年 11 月，提交了由徐景富、周志棋编写的《湖北宜昌太平溪超基性岩体详查地质报告书》。工作中发现原生铬铁矿露头 5 处，铬铁矿转石 10 余处，基本查明了岩体特征、铬铁矿质量与矿体规模，并对地质构造、成矿条件做了研究。指出该岩体构造、岩相和分异条件都不利于铬元素富集，其远景不大，无勘查意义。

1965~1973 年，湖北省地质局 401 队（现第七地质大队）对岩体进行了两次 1：1000 地质填图、金属测量、重砂取样，发现铬矿点 25 处，矿化点 29 处。对其中 17 处矿点、6 个矿化点进行了详查、勘探，投入工程有：1：2000 磁法、激电和金属量测量，1：500 地质测量，施工钻孔 282 个（66755m），平巷 64 个（3804m），浅井 621m，槽探 76255m³。对铬矿床地质特征及成矿条件进行了专题研究，先后提交地质报告 20 余份，其主要报告如下。

1971 年，湖北省第七地质大队提交的《湖北宜昌太平溪岩体天花寺矿区 5~10 线铬铁矿储量报告》，经湖北省储委审查，下达〔1973〕鄂储审字 23 号审查意见书，批准为初勘，提交B+C级储量 1.1 万吨。

1972 年，又提交了《湖北宜昌太平溪岩体青树岭矿区 1972 年铬铁矿储量报告》。经湖北省地质局审查，下达〔1973〕鄂地审字 181 号审查意见书，批准为详查，提交B+C级储量 9000t，D 级储量 1000t。

1973 年，再次提交《湖北宜昌太平溪岩体梅子厂矿区铬铁矿储量报告》。经湖北省储委审查，下达〔1973〕鄂储审字 2 号审查意见书，批准为初勘，提交 B+C 级储量 9000t。

（三）开发利用情况

该矿体规模小、分散，矿石多为浸染状的贫矿，而多呈盲矿出现，开采投入多、产出少，因而尚未开发利用。

第二节 主要铬矿勘查项目

一、陕西蓝田草坪超基性岩体地质工作（1962 年）

（一）项目基本情况

1962 年，西北冶金勘探公司第五地质勘探队在陕西蓝田草坪超基性岩体开展勘查工作，参加人为徐治连、周先民、侯洪福、张锁云、孙德恩等。完成 1∶1 万地质测量 360km²，1∶1000 地质剖面 4.3km。

（二）主要成果

基本圈定了超基性岩体的分布范围，初步了解了它的大小、形状及物质组成，发现了一些铬矿化，对区域及成矿条件也做了一定了解。

于白家村纯橄榄岩的边部发现一个小的矿条，长 26cm，厚 6cm，经化学分析，含 Cr_2O_3 9.24%；另外在同样的部位发现一条小矿脉，长 10cm，厚 1cm。

于柞紫沟发现一块致密的铬矿石，含 Cr_2O_3 42.02%。

1963 年 1 月提交《陕西蓝田草坪超基性岩体地质工作简报》。

二、安徽省歙县伏川铬矿物化探找矿及普查工作（1966~1971 年）

（一）项目基本情况

根据国家对铬铁矿的急需和冶金部关于开展皖南小三线地质普查工作的指示，华东冶金地质勘探公司 813 队在 888 地质队工作的基础上，进一步工作。于 1966 年与 814 队配合进行物化探找矿试验。圈定了找矿有利地段，投入了磁法、化探工作，磁法 10m×5m、2550 点，次生晕 10m×2.5m、13027 点。此次工作认为磁法和化探对寻找铬矿可以起到直接和间接的找矿作用。总结认为磁法能圈定岩体边界和确定产状，但圈界线的准确度低于化探；化探能准确圈定岩体界线，但只适用于覆盖不厚的山区。认为伏川铬铁矿主要是岩浆晚期贯入形成的，受裂隙控制明显。1966 年 12 月，华东冶金地质勘探公司 814 队第二分队提交了《安徽歙县伏川铬矿物化探工作报告》。

1967 年开始由 813 队对伏川超基性岩体进行铬铁矿的普查找矿工作，1971 年因体制变动, 813 队撤离伏川。共完成实物工作量: 地质测量 $0.848km^2$, 槽探 $15301.88m^3$, 坑探 $4776.34m$, 钻探 $5347.604m$。1971 年 12 月提交了《安徽省歙县伏川铬矿评价报告》。

（二）主要成果

成矿有利部位: 在平面上, 岩体中段和北东段下盘及中部偏下盘, 岩体转折拐弯膨大, 向围岩突出部位; 在剖面上, 岩体底盘产状由陡变缓处, 是成矿有利部位。

找矿标志: 除矿体露头、铬铁矿转石等直接标志及岩相、构造、成矿有利部位等间接标志外, 从地质和化探的角度来看归为两点:

（1）片理破碎带: 因大部分矿体与偏离裂隙构造有关, 片理带本身就是一个间接找矿标志。但不是所有片理带内都有矿。据肉眼观察, 初步认为在片理带内有"猪肝色"岩石呈薄片状比较稳定的延长分布, 同时有黄褐色薄膜状矿物沿片理带出现, "绿豆糕"岩石比较多时, 才有可能出现矿体, 这一标志有待实践进一步验证。

（2）以各种元素的不同含量区分含矿与不含矿的片理裂隙带。经北京地质研究所试验得出结果:

1）含矿裂隙及片理化岩石以高 As、S、MnO（NiO、Co_2O_3）, 低 FeO、Al_2O_3 为特征;

2）As、MnO、Co_2O_3 在含矿裂隙充填物中的含量基本相似;

3）As、Co、FeO、Al_2O_3 可作为找矿标志被利用, As、Mn、Co、S 可作为含矿熔浆活动的标志, 而 Fe^{2+}、Al^{3+} 则证明成矿时环境的改变。

矿床成因: 岩体分异较差, 矿体主要赋存于斜方辉橄岩中, 其次为纯橄榄岩和含辉石纯橄榄岩; 矿体与偏离裂隙构造有密切关系, 并受其严格控制; 矿体形态、产状较复杂, 以不规则脉状、透镜状为主, 矿石以自形-半自形中粒状结构、致密块状构造为主, 极少浸染状构造矿石; 矿石多具压碎结构, 矿体规模小, 以纯橄榄岩或蛇纹石做"外壳", 矿石质量较好, 围岩受强烈蛇纹石化, 其次为绢石化、碳酸盐化。综合上述特点, 并与国内外铬铁矿床相对比, 初步认为伏川铬铁矿应属晚期岩浆贯入式矿床。

远景评价: 根据目前资料, 认为该矿区位于华东小三线—皖南山区, 交通比较发达, 已发现和开采了一定数量的铬矿石, 并具一定规模, 矿石质量较好。不但地表有矿, 深部也陆续发现了矿体、矿化。岩体的北东段及岩体深部等均未最终了解和控制, 伏川铬矿应进一步做细致深入的工作, 找矿前景较好。

三、青海省祁连县三岔铬铁矿普查（1967~1973 年）

（一）项目基本情况

1967~1973 年, 甘肃省冶金地质四队在该区进行普查找矿工作, 投入坑探 $1589.96m$, 钻探 $505.06m$, 1:2000 地形地质测量 $11.13km^2$。在此期间配合进行评价和研究的单位有: 新疆有色地质局物探三分队、西北冶金地质勘探公司测量队、西北冶金地质研究所和桂林冶金地质研究所等。1975 年 6 月提交了《青海省祁连县三岔铬铁矿区地质普查评价报告》。

1970~1972 年, 甘肃冶金地勘公司 703 队二分队承担三岔铬铁矿的评价工作。1970

年6月起工作了两个月，粗略地揭露了地表，发现了1号矿体，1971年工作了5个半月，重点用坑道揭露1号矿体及5号矿体深部，1972年工作了5个半月，结束了1号矿体的上部评价工作，并填制了中区1：2000地质图，共掘进了1号、3号、4号、5号、6号、7号（未结束）、8号坑道1400多米。1973年5月，甘肃冶金地勘公司703队提交了《青海省祁连县三岔铬铁矿1972年度总结报告》，编写人为付景海、王树良，刘炜。提交远景储量4800t。

（二）主要成果

三岔超基性岩内铬矿化较普遍，共发现矿体（点）46个，其中1号矿体具工业规模。

1号矿体地表长26m，地下控制长63.6m，为一椭圆饼状。地表倾向13°，倾角49°，地下倾向357°，倾角85°，侧伏方向130°，侧伏角21°。

矿石矿物为铬铁矿，脉石矿物为蛇纹石。从造矿铬尖晶石的化学成分看，造矿铬尖晶石主要为铬铁矿，极少数为富铁铬铁矿。铬矿石伴生少量铂族元素。

矿石结构主要为他形、半自形中粒结构，少量为压碎结构和自形粒状结构。矿石构造主要为块状、稀疏浸染状、稠密浸染状构造，少量为豆状构造。块状矿石中Cr_2O_3含量达45%，稠密浸染状矿石中Cr_2O_3含量为30%，稀疏浸染状矿石在矿区内较多，一般为贫矿，Cr_2O_3含量为15%。蛇纹石化纯橄榄岩中铬矿石大部分为他形中粒结构，块状构造；蛇纹石化斜辉辉橄岩中铬矿石大部分为半自形粒状结构、块状构造；硅质白云岩中铬矿石以自形-半自形中细粒结构为主，块状构造。

矿体围岩主要为蛇纹石化斜辉辉橄岩，矿体沿斜辉辉橄岩中羽状裂隙充填。矿床成因类型属岩浆晚期熔离矿床。

四、辽宁省凌源—建平一带的找铬矿工作（1961年、1970年）

（一）项目基本情况

1961年，辽宁省冶金工业厅地质勘探公司103队投入辽宁省凌源—建平一带的找铬矿工作，共完成1：1万地质填图5818km²，1：5000地质简测5km²，1：2000地质简测2.38km²，1：1万磁法27km²，1：5000磁法/化探24.6km²，槽探763.71m³，钻探3284.39m，认为有必要对104号、105号岩体比较好的地段选择剖面进行1~2个钻孔了解岩体的深部情况。1961年10月提交了《辽宁省建平县21~41号区铬镍找矿和评价报告》。

1970年，辽宁省冶金地勘公司105队开展了辽宁省凌源神仙沟铬矿点的找铬矿工作，参与人为栾喜才、夏维江、游清生、刘世福、孙振华、张国良等，投入了钻探919.27m，槽探473.39m³，以及少量的磁法、化探等手段。

（二）主要成果

（1）认为神仙沟地区的基性-超基性岩体含有铬矿化。

（2）岩体在出露的形态展于岩体的中间部位，其上部被剥蚀。

（3）由于重力分异作用不佳，导致岩体上下部矿化相似，品位低，不能被工业利用。

（4）岩体形态多种，一般为不规则球体、扁豆体及岩株状，岩相变化小，规模有限，其延深和长、宽成正比。

（5）基性-超基性岩体是存在的，多呈平行状产出。

（6）岩体严格受成矿前北东向构造所控制，成矿后构造影响较小，只在局部出现有岩体与围岩产状有较小夹角。

（7）除岩体外，在斜长片麻岩中铬化探异常范围分布较广，差值变化较大，可能与热液活动有关。

（8）在角闪辉石岩中铬含量大于斜长片麻岩异常值。

五、甘肃省民乐县童子坝铬矿普查评价（1971~1972 年）

（一）项目基本情况

1971~1972 年，甘肃冶金地质勘探公司 703 队 3 分队在甘肃省民乐县童子坝铬矿开展普查评价工作，参与人为陈泽忠、周绍农、李学颖等。

该矿于 1971 年发现，并做了相应的物化探和局部地表揭露工作。1972 年进行了深部钻探工作，并继续地表揭露，共完成钻探 3506.77m，槽探 7700m³。1∶5 万地质简测 12km²，1∶2000 地质简测 1.8km²。

（二）主要成果

发现的四条铬铁矿矿体全部在 1 号岩体东端膨胀体上盘蚀变带和白云岩中。K-1 号、K-2 号两条矿体在白云岩中，是已知的主要矿体。K-3 号、K-4 号矿体在蚀变带中。

白云岩中的 K-1 号、K-2 号两条矿体同时存在于岩体上盘白云岩中的一条断裂带中，该断裂带属矿区第三级断裂，其性质可能先属压性构造后属张性构造。前者表现为白云岩有明显方向性的糜棱化和构造带产状的特征，后者表现为糜棱化、白云岩、角砾的杂乱分布。

断裂带深部被一小超基性岩体侵入。两条矿体分别在断裂带上下两侧，两条矿体之间在西段为强矽卡岩化角砾状白云岩，东段为小超基性岩体。

K-1 号矿体地表已控制长 80 余米，在平面上呈蝌蚪状，东端为膨大部分。最宽处水平厚度在 5m 以上，西端尖灭于 TC10 号探槽附近。东端未彻底圈定，估计在 TC3 探槽以东仍有延续，矿体向深部延伸尚未彻底搞清。ZK16 号钻孔从 12.84~24.09m 见此矿体，厚度比地表略有增大。

K-2 号矿体在断裂带上盘呈不规则脉状，地表水平厚 0.65m，长约 40m，深部在 ZK1 号（0.38~5.24m）和 ZK16 号（从 2.0~3.10m）钻孔中也见该矿体。

铬铁矿在 K-1 号、K-2 号两种矿体中多呈致密块状，少数为浸染状和角砾状。铬铁矿在矿体中形态变化很大，多呈透镜状、不规则状或条带状，地表东段块状铬铁矿多呈不规则的透镜状，各透镜体多相互连接，交替出现。西段块状铬铁矿多呈脉状和条带状。

获得铬矿石远景储量 1.0129 万吨。认为在 1 号岩体下盘及其他三级平行断裂带中是有利找矿部位。

六、甘肃省武山县鸳鸯镇超基性岩体铬矿地质普查（1973年）

（一）项目基本情况

1973年，甘肃冶金地质2队5分队实施甘肃省武山县鸳鸯镇超基性岩体铬矿地质普查项目，历时一年。

（二）主要成果

岩体内已发现铬铁矿（化）点96个，其中东区62个，西区和北区分别为17个。矿体产状与岩相带的产状并不完全一致，而是存在一定交角。矿体的形态主要为脉状、似脉状，另有透镜状、扁豆状或不规则状。规模均较小，一般长几米至十余米，最长达60m，厚0.2~0.3m。化学成分：含$Cr_2O_3$16%~25%，大于32%的较少，Cr_2O_3/TeO在2上下。

七、云南省玉溪区元江县命利龙潭岩体铬铁矿普查（1975年）

（一）项目基本情况

1975年，云南冶金地勘公司311队在云南省玉溪区元江县命利龙潭岩体铬铁矿开展普查工作，刘景虹、郑庆鳌等人参与工作。共完成岩心钻8793.25m，槽探22000m³，坑探1621.92m，1：1万地质填图20km²，1：2000地质填图2.6km²，重力2.4km²，磁法3.08km²，化探3.08km²。

（二）主要成果

龙潭岩体中先后共发现33个矿点，其中9处未找到原生露头，对7号地段的浅部进行了详细找矿工作，对6号地段和1号地段进行浅部初步找矿工作，其他矿点只用少数探槽小坑进行初步了解。

该区地表及浅部所见铬铁矿体均很小，形态十分复杂，主要有透镜状、扁豆状、串珠状、球状等。

龙潭岩体大多数的致密块状岩石成段集中，成群出现，可以明显地看出，它的赋存部位主要受构造控制。

八、内蒙古锡林郭勒盟物化探找铬矿总体规划（1980年）

根据冶金部地质司〔1980〕冶地报字1号文的批示，冶金部冶金地质会战指挥部第一地球物理探矿大队1980年通过充分收集分析前人的物化探资料，同时开展了野外踏勘及一定数量的方法试验和岩矿石物性测定工作，对内蒙古锡林郭勒盟地区应用物化探找铬铁矿的有效性及今后的找矿方向进行了初步研究。

1980年12月提交了《内蒙古锡林郭勒盟物化探找铬矿总体规划（1981~1989年）》，编写人为陈功臣、汪懋忠、师修来。

九、内蒙古西乌旗乌斯尼黑南区综合物探找铬铁矿（1980～1982 年）

（一）项目基本情况

1980～1982 年，冶金部第一冶金地质勘探公司第一物探大队按照冶金部〔1979〕冶地技字 8 号文件及冶金部第一地质勘探公司指示精神，在内蒙古西乌旗乌斯尼黑南区开展了以重磁为主的综合物探找铬铁矿普查工作，项目主要参与人员为沈振华、王金才、许贻亮。

先后投入了重力、磁法、地震、电法等方法，完成比例尺 1：5000，网度 40m×10m 的重磁面积 29.08km²，局部地段加密成 20m×10m 网度的面积 1.272km²，做了大量的物性参数测定和精测剖面工作，共提取局部重力异常 82 个。钻孔验证异常 8 个。

（二）主要成果

综合分析取得的重磁资料，认为在测区范围内，深度 50m 以上找不到规模超过 15 万吨够工业品位的铬铁矿体。

施工区范围内，西北部 753 纯橄榄岩分布地段和东南部是寻找铬矿有利地段，其中东南部注意深部找矿。

全区提取重力局部异常 82 个，68 个为非矿异常，10 个为有望异常，4 个性质不明异常。

从物性研究和实测资料分析，在乌斯尼黑南区高精度重力测量配合磁法测量进行物探综合普查找铬铁矿，目前来讲是最好的方法。

该地区地质情况复杂，高密度的地质体较多，引起重力场变化的干扰因素很多，而铬铁矿床从邻区的已知矿床看均系单个矿体且由很小的、向一侧侧伏的、分散的矿体群组成，使高密度矿体并不集中，当埋深稍大时，重力场形不成明显的异常。在一些干扰因素不能准确排除的情况下，使重力找铬矿效果得不到发挥，到目前为止，包括已知的贺根山矿区在内，整个阿尤拉海—乌斯尼黑超基性岩带还没有一个矿床纯属物探方法找到的，原因恐怕也在于此。因此在该区用重磁方法普查找铬矿，一定要特别重视干扰异常的识别，必要时需投入一定量的工程验证。

通过现有资料的综合分析研究，认为还有 10 个有望异常需投入工程验证。初步总结了物探方法在找铬铁矿中应注意的一些问题，尤其是识别干扰异常的基本方法，为后人的研究工作提供一定的基础资料。

十、黑龙江省五常县龙凤山铬矿点找矿评价（1982 年）

（一）项目基本情况

1982 年，黑龙江冶金地勘公司 703 队在黑龙江省五常县龙凤山铬矿点开展找矿评价工作，结合省冶金地球物理探矿队在该区投入的物探工作重点对 1 号矿体、Ⅰ、Ⅱ号矿化带进行解剖验证，确定其工业远景。

评价工作期为 1982 年 4～10 月，历时一年时间。针对Ⅰ、Ⅱ号矿化带特点，钻探网度基本为 40m×40m，完成钻探 4423.88m，槽探 9322.04m³。了解岩体产状形态变化岩相划分和岩体的含矿性及其赋存规律。参与人为李国玺、徐金生、许荣德、孙桂贤、王彦、杨希山、高光煜等。

（二）主要成果

经此次找矿评价工作，初步搞清了岩体的基本地质特征和该区的远景。

岩体的铬铁矿化主要赋存于辉岩相和纯橄榄岩中，铬铁矿呈星散状、浸染状分布，矿化一般品位 Cr_2O_3 在 4% 以上，经地表槽探和钻探资料证实，为一普遍含铬铁矿化岩体，就目前掌握资料尚无矿化富集地段。

岩体的蚀变强烈，主要为蛇纹石化、滑石化、碳酸盐化，其次为透闪石化、绿泥石化、绿帘石化，局部具绢云母化，岩体与围岩接触部岩体和围岩均有混染现象。

十一、四川省会理县木古烂木桥—牛金树铬铁矿普查（1982~1985 年）

（一）项目基本情况

为满足冶金工业对铬矿资源的需求，根据冶金部地质局的总体部署，西南冶金地质勘探公司 603 队于 1982~1985 年开展了四川省会理县木古烂木桥—牛金树铬铁矿普查工作。

项目负责人为何兴武，主要参加人员为丁安吉、李福光、刘俊峰、肖永龙、李庆楠、黄克华、吴远坤、廖世忠、魏元桂、李孟合、李朝辉、夏桂莲、魏双贵、傅凤鸣、文秀全、靳刚。

该项目自 1982 年 8 月起开始地质普查工作，至 1985 年 8 月结束编写提交普查报告，历时 3 年。1982 年，在牛金树矿段针对铬铁矿开展 1:5000 地质测量、1:1000 地质测量和大量槽探、浅井工程施工及编录取样工作。通过取样分析，在牛金树岩体发现了残坡积铬铁矿砂矿矿体 1 个和原生铬铁矿矿体 2 个，在烂木桥岩体圈定了地表镍钴矿（化）体，并提交了 1982 年度工作报告和 1983 年深部普查设计。1983 年，在 1982 年地表普查工作基础上，选择牛金树岩体进行深部钻探验证，以期发现 1 个铬铁矿详查基地；同时开展了对白云村岩体的 1:2000 地质测量工作。1984 年，继续开展牛金树铬铁矿深部找矿，同时开展了对烂木桥岩体进行深部钻探验证。1985 年，开展综合研究，编写提交普查报告。

3 年来，共完成了机械岩心钻 7321.44m，其中，牛金树矿段实施钻探工程量 3456.79m（15 孔）；烂木桥矿段实施钻探工程量 3312.23m（8 孔）。手掘坑探 301.28m，浅井 480.68m，槽探 12091.44m³，浅钻 512.77m，以及地质草测 1:1 万 116km²、1:5000 7.5km²，1:X 千地形地质简测 0.6km。

（二）主要成果

（1）对川西南会理地区超基性岩带的岩石类型、蚀变特征及成因、控矿因素有了初步认识。

（2）在牛金树岩体发现了铬铁矿砂矿工业矿体 1 个，发现了铬铁矿工业矿体 2 个。共获得铬铁矿 D 级表内残坡积矿 13669.48t，Cr_2O_3 平均品位 4.07%；表外原生矿 4820.5t，平均品位 7.22%。

（3）对烂木桥岩体开展了镍钴矿的深部找矿探索。

（4）在该超基性岩带首次发现科马提岩，为今后开展铬铁矿找矿拓展了思路，发表论文 1 篇。

西南冶金地质勘探公司 603 队于 1985 年 7 月提交报告，并给出评审意见（三队发〔1985〕审字 89 号）。

十二、湖北省蕲春县株林河铬铁矿普查（1986~1988 年）

（一）项目基本情况

1986~1988 年，冶金部中南冶金地质勘探公司 604 队完成湖北省蕲春县株林河铬铁矿普查。参与人员为张济金、陈力军、曾昭鑫、唐若旦、裴柏林、胡福阶。完成 1∶5000 地质简测 17.22m²，1∶5000 磁法次生晕 15km²，钻探 1109.92m，槽探 9951.6m³。

（二）主要成果

基本查清了株林河超基性岩体（群）的分布、规模、形态、构造、产状与矿化特征，对岩性特征、岩石组合也有了一定的了解，纠正了以往把南湖山、蛇形坳地段的超基性岩视为"两个不相连的岩体"的错误划分，证实两地段超基性岩其接合部位系第四系掩盖，之下是连为一体的，应属同一岩体。

通过地物化综合测量工作，明确了超基性岩体（群）的分布范围及规模，完整的磁异常带较全面地解释了株林河岩体（群）的空间特征，补充完善了铜石山东端掩盖区的磁异常特征，弄清隐伏岩体的规模、产状及形态构造，纠正了以往"岩体直立下插"的观念。

认为该区超基性岩 MgO 偏低，难以出现纯橄榄岩相。岩体不利于铬铁矿的富集，铬铁矿体分散、零星，不具备目前工业利用价值。

1989 年 3 月，冶金部中南冶金地质勘探公司 604 队提交《湖北省蕲春县株林河铬铁矿普查报告》。

十三、河北北部（含京、津地区）基性-超基性岩及铬铁矿找矿预测（1986~1989 年）

（一）项目基本情况

1986 年、1987 年及 1989 年，冶金部、冶金地勘公司及地质测绘分公司下达了调研和找矿预测任务。具体任务是：

（1）对冀北超基性岩体含铬矿地质特征进行调查研究，选择成矿条件较好的岩带、岩体开展深入找矿工作。

（2）对前人投入工作较多的高寺台含铬矿超基性岩体，要全面搜集资料、深入分析成矿条件，在充分掌握前人资料的基础上，结合 1989 年地质、物探成果，提出进一步找矿有利地段。

（3）为做好河北北部铬矿调研和找矿工作，对内蒙古和山西等外省区有关超基性岩体和铬矿进行必要的考察，以推动在冀北地区铬矿工作的开展。

项目由冶金部第一地质勘查局地质探矿技术所研究实施，项目负责人为牛广标，主要参加人员为王子鸣。完成主要实物工作量：1：2000 精测剖面 2.6km，探槽 276.3m³，岩石化学分析 19 件，铬矿基本分析 58 件，铂族基本分析 4 件，镍矿基本分析 2 件等。

（二）主要成果

3 年工作期间，在冀北地区检查了 20 处铬、铅等矿点，并重点对高寺台铬铁矿进行了较深入的工作。高寺台铬矿区在公司物探队配合下发现多处重磁异常，1989 年对主要磁异常进行了地表揭露，初步认为杨树底下—南兴隆街之间为该区扩大远景的有望地段，有进行深部验证的必要。所检查的 20 处铬铅等矿点中，新发现康保县永德堂含铬变质铁矿点因其类型独特，值得进一步深入开展研究与找矿工作。

1989 年 12 月，冶金部第一地质勘查局地质探矿技术研究所提交了《河北北部（含京、津地区）基性-超基性岩及铬铁矿找矿预测地质报告（1986 年、1987 年、1989 年）》。1990 年 3 月，冶金部第一地质勘查局地质探矿技术研究所对报告进行了评审、验收。

十四、云南省哀牢山北段超基性岩带铬铁矿普查（1988~1989 年）

（一）项目基本情况

为满足冶金工业对铬矿资源的需求，根据冶金部地质局的总体部署，西南冶金地质勘探公司 1988 年初指示，开展哀牢山超基性岩带的铬矿地质普查工作，具体任务是：

（1）1988 年：对公司科研所提交的"川滇地区基性-超基性岩及铬铁矿找矿前景研究"所提的找矿建议进行验证。同时开展面上调研，以铬矿为主兼顾与基性-超基性岩有关的金矿，对元江命利岩体及新平十八寨岩体进行工作。

（2）1989 年：在 1988 年基础上，选择元江命利岩体Ⅱ线、Ⅴ线的重力异常和构造有利部位进行深部验证，以期提交一处详查基地。钻探工程量 600m（后调整为 300m）。

项目由冶金部西南地质勘探公司昆明地质调查所承担；项目负责人为傅凤鸣，主要参加人员为邓联鹏、吴金宣、邓兴华、魏江川、付玉兰、高占鸿、吴远坤。

该项目自 1988 年 3 月~1989 年 3 月正常开展工作，其后由于资金等方面的原因曾一度终止，到 1989 年 7 月又重新进入命利矿区，而面上的调研工作已取消，于 1990 年 1 月上旬结束野外工作。整个项目工作时间为 1 年半。面上调研了 17 个岩体；点上对十八寨进行了地质填图及槽探工程的揭露；在元江命利矿区除开展地表工程外还进行了深部钻探工程的重点解剖。由于地方对用水的阻拦未完成设计钻探任务，完成主要实物工作量见表 3-1。

表 3-1 完成主要实物工作量

项目	单位	1988 年			1989 年		合计
		调研	十八寨	命利	调研	命利	
1：2000 地质草测	km²			1.90			1.90
1：2000 地质修测	km²			2.60			2.60
1：5000 地质修测	km²		1.60				1.60

项目	单位	1988 年			1989 年		合计
		调研	十八寨	命利	调研	命利	
1∶1000 岩相剖面	m	5356	1292.12	3565	450		10663.12
1∶500 地质剖面	m			225.50			225.50
调研面积	km²	1600			150		1750
基本分析	件	41	178	80	3		302
岩石化学全分析	件	25	12	21	16		74
岩矿鉴定	件	57	188	282	28	2	557
探槽	m³		1374.80	2145.85			3520.65
钻探	m					120.10	120.10

（二）主要成果

通过以上工作，对哀牢山超基性岩的岩石类型、蚀变特征及成因、控矿因素有了较为全面的认识；在勐金 13 号岩体发现了巨大转石上呈条带状产出的铬铁矿、磁铁矿；对十八寨不仅详细地划分了岩相，而且圈定了矿化带并认为该点 Cr_2O_3 的含量是呈波状起伏的，应该具有相对富集的部位和地段；在命利矿区，确立了构造控矿的主导因素，据此开拓了思路并指出应该进一步开展找矿的地段，非常遗憾的是钻探工程未达设计目的，上述思路未能予以证实。

十五、陕西省勉、略、宁地区砂岩铬矿普查（1989 年）

（一）项目基本情况

1989 年，西北冶金地质勘探公司西安地质调查所开展了"陕西省勉、略、宁地区砂岩铬矿普查"，项目负责人为苏宝怀。

（二）主要成果

（1）通过路线地质测量和剖面对比研究，并充分参考前人资料，基本查明了调查区地层层序和构造特征。认为前人所划分的断头崖、九道拐、望天坪各组并非上下层位关系，应是震旦系在各向斜中同期异相或同期同相产物，是岩性特征基本一致的一套地层。并依据岩性组合特征，划分出 4 个岩性段。

（2）查明了含铬岩系赋存于震旦系第二岩性段白云岩中，主要分布于冯家山、白云山两地段。冯家山已为铬铁矿床，而白云山是在前人工作基础上，扩大了含铬岩系范围，并有够工业品位的样品存在，由于含铬岩石在白云岩中分布零星，加之覆盖较大，尚未圈出矿体，因此，现只确定为寻找铬矿的有利地段。

白云山铬铁矿点位于陕西省略阳县峡口驿乡白云山。地理坐标为东经 106°21′18″～106°23′02″，北纬 33°13′43″～33°14′20″。目前矿点范围，西起银洞湾，东到大树坪。含铬砂岩赋存于震旦系第二岩性段白云岩中，从南而北震旦系 Z_1~Z_4 地层均有出露。近矿围岩为含铬铁矿灰质白云岩。矿点位于断头山—九道拐向斜的南翼，地层为一向北东倾的单斜。沿地层走向层间挠曲发育。矿区构造以挤压为主，应力方向为南北向，由于受断裂作用的影响，导致该区段地层揉褶强烈，裂隙发育，含铬砂岩形变明显。沿断裂侵入的超基性岩体主要为强烈蚀变蛇纹石化橄榄岩，该岩与砂岩铬铁矿的形成毫无关系。有 7 处较大含铬砂岩块体和若干分布其间断续或局部密集分布的不规则状、棱角状的含铬砂岩小块体。

报告对含铬岩系和砂岩铬矿地质特征及矿化特征进行了较详细的叙述，并对沉积成因的砂岩和形成机制进行了初步分析，提出初步看法。

1989 年 12 月，西北冶金地质勘探公司西安地质调查所提交报告。

十六、陕西商南县干沟—土坳沟矿段铬铁矿普查（1990 年）

（一）项目基本情况

1990 年，冶金部西北地质勘查局西安地质调查所承担陕西省商南县干沟—土坳沟矿段铬铁矿普查，项目负责人为张建云。

（二）主要成果

（1）在干沟矿段发现了 1 个矿化点和 10 处矿化线索，多为铬铁矿细条或呈浸染条带状，经验证不具工业意义。

（2）虽无重大发现，但基本反映了工作实际，可作为一般普查资料存查。

1991 年 11 月，冶金部西北地质勘查局西安地质调查所提交报告。

十七、河北地区锰铬矿产找矿条件调研（索伦山地区铬铁矿）（1991 年）

（一）项目基本情况

1991 年，冶金部第一地质勘查局地质探矿技术研究所根据科研项目任务书要求，在系统收集和消化有关资料的基础上对内蒙古索伦山—乌珠尔超基性岩带中铬矿的产地、规模、品位、成因类型、采选条件和找矿—远景等进行调研。项目负责人为孙庆博、黄少奇。

对索伦山地区进行了实地考察，由西向东对巴音查干、索伦山、察汉奴鲁、土格木、阿不格、乌珠尔等 6 个铬铁矿区的主要矿床进行了调研；对地表主要探槽、采坑及民采坑道进行了观察；采集有代表性的标本 23 块，岩矿鉴定样 20 件。

由于该区探明的矿量少而分散，目前未被国家利用，但民采或地方开采较盛，故各矿区地表矿体基本采空，有的以 20m 为中段已采了两个中段，加之民采"嫌贫爱富"，故对矿山有一定的破坏作用。

1991 年 12 月提交了《河北地区锰铬矿产找矿条件调研报告》。

十八、西藏自治区山南地区加查县康桑顶铬铁矿普查（2005 年）

（一）项目基本情况

2005 年，中国冶金地质总局中南地质勘查院在西藏自治区山南地区加查县康桑顶开展铬铁矿普查。共完成实物工作量：1：1万地质简测0.48km²，1：1000地质剖面测量900m，槽探480m³，样品分析5件。

（二）主要成果

矿区共发现有两条铬铁矿体，其中Ⅰ号矿体分布于矿区中部，呈北东—南西向展布，倾向北西，倾角35°~40°，矿体长130m，厚1.2~1.8m，Cr_2O_3平均品位38.62%。矿体主要赋存于基性、超基性蛇绿岩带中的斜辉辉橄岩相中，呈似层状、透镜状产出；Ⅱ号矿体分布于Ⅰ号矿体的东南侧，呈北东—南西向展布，倾向北西，基本与Ⅱ号矿体平行，矿体长50m，宽1.0m，Cr_2O_3品位21.34%。矿体主要赋存于基性、超基性蛇绿岩带中的斜辉辉橄岩相中，呈豆荚状产出。矿石矿物以铬铁矿为主，见少量磁铁矿，脉石矿物以橄榄石、斜方辉石、单斜辉石为主，见少量蛇纹石、基性长石、角闪石等。矿物结构主要有自形、半自形晶结构、他形粒状结构和包含结构等。矿石自然类型为铬铁矿。矿（化）体围岩及夹石主要是斜辉辉橄岩、二辉橄榄岩、橄榄岩、纯橄榄岩等。矿床成因属典型的岩浆晚期铬铁矿床。

朱新平等人于2005年8月提交《西藏自治区山南地区加查县康桑顶铬铁矿普查地质报告》，估算铬铁矿资源量（333＋334）24728t。其中，Ⅰ号矿体资源量（333＋334）21576t，Cr_2O_3平均品位38.62%；Ⅱ号矿体资源量（333＋334）3152t，Cr_2O_3平均品位21.43%。

十九、西藏申扎县果芒错东南铬铁矿普查（2009~2010年）

（一）项目基本情况

2009~2010年，中国冶金地质总局西北地质勘查院开展"西藏申扎县果芒错东南铬铁矿普查"工作，项目负责人为全孝勤，主要人员为周永生、杨延峰、丁兆举、朱智华。

（二）主要成果

通过项目实施，圈定了铬铁两个铬铁矿化带：即Ⅰ号矿化带和Ⅱ号矿化带。Ⅰ号矿化带分布于Ⅰ号辉橄岩体的近南边部，长1.6km，宽50~100m，矿化带根据转石分布情况与辉橄岩体走向基本一致，为120°左右，矿带内发现了四处较大的铬铁矿转石点，还有多处单块铬铁矿转石分布的点，在带内三个大的转石点采集了化学分析样，Cr_2O_3平均品位可达49.35%。Ⅱ号矿化带不连续，在岩体中勘查区西边部及中部均发现了铬铁矿转石，勘查区最西端的铬铁矿转石分布集中，圈定了长约100m、宽约20m的铬铁矿化带；中部发现了两处铬铁矿转石，位于该岩体的北部，可圈定一长约200m、宽约20m的铬铁矿化带。在勘查区西边部的铬铁矿转石采集了一件化学分析样品，Cr_2O_3品位为44.19%。查明了区内的地球化学特征，主要显示了与超基性岩体有关的Cr、Ni、Co异常，其次为与"侧分泌"石英脉、岩体接触部位有关的Au、As、Sb异常，其他元素基本无异常显示。通过1：2.5万磁法测量，圈定了与超基性岩体对应的两个磁异常带。对区内超基性岩体有关的Ni、Co元素及铂族元素矿化情况进行了评价，岩体中铂族元素含量低，不具矿化。Ni元素以硅酸镍存在且不构成矿化，岩体不具备找Ni、Co等矿产价值。

2010 年 12 月提交《西藏申扎县果芒错东南铬铁矿普查报告》。

二十、西藏日喀则市蓬剥北铬铁矿预查（2009~2010 年）

（一）项目基本情况

2009~2010 年，中国冶金地质总局西北地质勘查院实施"西藏日喀则市蓬剥北铬铁矿预查"项目，项目来源：中盛伟侨国际投资控股有限公司。项目人员为周永生、崔志春、龙文平、盛希亮、周翔。完成 1∶1 万地质草测 22km²，1∶2.5 万水系沉积物测量 81km²。

（二）主要成果

（1）通过预查工作，大致查明了区内的超基性岩体为铬铁矿的赋矿岩性层位，铬铁矿体的转石基本均来自辉橄岩体中。铜、金矿化较好部位岩性为细碧岩。

（2）通过对区内所圈定的水系沉积物地球化学异常进行地质检查，发现部分引起异常的地质体矿化弱、规模小，不具备大的进一步开展地质工作的价值。

（3）圈定了辉橄岩体中的有望铬铁矿转石带一个，基性岩中的金、铜矿化蚀变带两个。

铬铁矿转石带分布于朗东辉橄岩体的近南东岩体底部，长约 200m，宽约 15m，矿化带走向根据转石分布情况与辉橄岩体走向基本一致，为 240°左右，矿带内发现了 1 处较大的铬铁矿转石点，还有多处零星小块铬铁矿转石分布点，Cr_2O_3 平均品位可达 21.96%。

铜、金多金属矿化蚀变带位于拱坝测区细碧岩内及辉绿岩与细碧岩接触部位。Au2：在辉绿岩与细碧岩接触部位，长约 150m，宽 5~10m，走向近东西向，Cu 最高为 0.51%，平均品位为 0.106%、Au 最高为 $3.24×10^{-6}$，平均品位为 $0.68×10^{-6}$；Au3：在辉绿岩内较破碎且硅化较发育部位，长约 180m，宽 5~20m，走向 215°，Cu 平均品位为 0.0076%、Au 平均品位为 $0.31×10^{-6}$。受第四系覆盖影响，其走向规模没有完全查明，可通过进一步地表槽探工程揭露，查明其规模，确定其地质找矿意义，为下一步普查地质工作的开展提供了较好的靶区。

（4）通过土壤化探测量及岩屑化探测量，基本查明了区内的化探异常特征，特别是超基性岩体中铬的化探异常特征及其与所圈定矿化带的关系。认为拱坝多金属测区的东北部的 HT1 和 HT2 异常是寻找金及多金属矿化的有望区；拔金玛测区的 HT4 和 HT6 异常是寻找铬铁矿的有望区；朗东测区的西南部为区内寻找铬铁矿的有利地段。

2010 年 6 月提交《西藏日喀则市蓬剥北铬铁矿预查报告》。

二十一、西藏林芝朗县秀沟铬铁矿预查（2010 年）

（一）项目基本情况

2010 年，中国冶金地质总局西北地质勘查院在该区开展勘查工作，项目来源：西藏林芝地区腾荣矿业有限公司，项目负责人为周永生，主要人员有龙文平、曹光远、张建寅，主要完成 1：2000 地质剖面 8.654km，1：5000 重磁测量 1km²，1：1000 重力、磁法剖面 2km。

（二）主要成果

（1）秀沟测区出露地层为白垩纪朗县构造混杂岩：为一套灰色钙质、粉砂质绢云板岩、千枚岩、变质长石石英杂砂岩、炭质绢云砂岩等，中夹灰岩、大理岩、变基性火山岩及蛇纹石化超基性岩构造块体。

（2）含矿岩性为灰-灰绿色纯橄榄岩，灰-灰绿色，粗-中粒结构，块状构造，主要矿物成分为橄榄石，少量辉石、角闪石，金属矿物见有磁铁矿、铬铁矿等，岩石局部地段蛇纹石化强烈，少量碳酸盐化、石棉化。

（3）铬铁矿体呈透镜状、不规则脉状、豆荚状赋存于纯橄榄岩中，矿体一般长 5～20m，最长 24m，厚 1～4m 不等，走向近东西，南倾，倾角较缓，与围岩一般界线清楚，且接触部位岩石破碎，矿石品位较富，目估 Cr_2O_3 含量大于 40%。

（4）在测区内初步圈定 9 个异常，其中甲类异常有 2 个，主要异常带近东西走向，主要分布在测区的东西两方位。

二十二、河北省遵化县毛家厂铬铁矿资源核查（2010 年）

（一）项目基本情况

2010 年 8 月，受河北省矿产资源利用现状调查项目办公室委托，中国冶金地质总局第一地质勘查院对河北省遵化县毛家厂铬铁矿矿区进行矿产资源利用现状调查核查工作，并提交了《河北省遵化县毛家厂铬铁矿资源利用现状核查报告》，编写人为陈军峰、李晓军、王文婷、杨娟、徐娇艳。

（二）主要成果

报告查明了核查矿区的资源储量，累计查明铬铁矿 122b+333 资源储量 35.88 万吨，保有 333 资源储量 3.82 万吨，动用 122b 资源储量 32.06 万吨。

第四章 铬矿调查评价成果

第一节 铬矿调查评价工作

21 世纪以来，中国冶金地质总局积极参与国家铬矿资源调查评价工作，在铬矿主要成矿带，如班公湖—怒江成矿带，雅鲁藏布江成矿带，内蒙古贺根山—索伦山成矿带，新疆东准、西准等地区均开展铬矿调查评价工作，共完成经费 4231 万元。共发现铬铁矿体 42 处，铬铁矿点几十处，铬铁矿化点 100 多处，圈定了 15 个找矿靶区，预测铬铁矿资源量 254. 66 万吨。稳定了一支铬矿勘查队伍，在服务国家矿产资源方面能力不断增强。

其中，2002～2003 年实施国土资源大调查项目 2 个，估算铬铁矿 333＋334$_1$ 资源量 4. 75 万吨。2014 年实施西藏山南铜多金属矿整装勘查区专项填图与技术应用示范。2015～2017 年实施中国地质调查局资源调查评价项目 4 个，提交找矿靶区 11 处。2016～2018 年实施中国地质科学院地质研究所资源潜力评价项目 1 个，提出了丁青蛇绿岩中地幔橄榄岩和铬矿具有洋中脊（MOR）型和俯冲型（SSZ）型双重特征的新认识。

第二节 铬矿调查评价项目

一、我国西部地区富铁矿、铬铁矿远景调查

（一）项目基本情况

"我国西部地区富铁矿、铬铁矿远景调查"项目（项目编码：200210200024）是中国地质调查局下达的调查评价项目，属"西部铁铜资源调查评价"项目的子项目，任务书编号：资〔2002〕15-3 号。工作区横跨我国西部五省，地理坐标为东经 101°以西，北纬 27°以北。按照陈毓川先生主编的《中国主要成矿区带矿产资源远景评价》（1999 年）的划分原则，调查区分属于古亚洲成矿域、秦—祁—昆成矿域和特提斯—喜马拉雅成矿域。工作起止年限：2002 年 1～12 月。经费总投入 70 万元。

总体目标任务是：

（1）对我国富铁矿、铬铁矿资源现状和供需形势进行分析研究。

（2）全面收集新疆、甘肃北部、内蒙古西部，以及青藏铁路沿线有关富铁矿铬铁矿资源的地质、物化探及遥感地质资料，特别是航空磁法勘探、地质勘查和综合研究及资源利用等资料，并进行综合分析研究。

（3）充分利用"3S"技术，运用现代成矿理论，对我国西部地区铁矿、铬铁矿成矿区带进行划分，初步确定各成矿区富铁矿、铬铁矿特征、成因类型、控矿因素、找矿标志、成矿模式与找矿模型、资源远景和找矿潜力。

（4）通过对各个成矿区带富铁矿、铬铁矿资源潜力和经济评价，对我国西部地区富铁矿、铬铁矿资源成矿远景区带进行类比排序，优选 4~5 个远景区开展实地调查，提出进一步工作的建议，同时进行富铁矿及铬铁矿资源潜力评估。

（5）开展西部地区富铁矿资源的找矿战略部署研究，并提出规划建议。

完成主要工作量：

（1）收集各种资料 118 份；

（2）完成总体设计 2 份（本子项目及实施项目）；

（3）完成西天山南、北段富铁矿野外实地调查工作（地质路线法、剖面法）；

（4）完成阿尔泰山南部西北段富铁矿野外实地调查工作（地质物探磁法）；

（5）完成阿尔泰富铁矿成矿带北西段 1:2.5 万磁法测量 100km^2，光、薄片鉴定 52 件。

项目由中国冶金地质勘查工程总局实施，中国冶金地质勘查工程总局西北地质勘查院、中国冶金地质勘查工程总局地球物理勘查院共同承担。项目负责人为朱兆奇，主要完成人员有郭玉峰、赵玉社、厉小钧、线纪安、王隽仁、穆进强等。

（二）主要成果

（1）项目广泛收集新疆、西藏、肃北、内蒙古西部有关富铁矿、铬铁矿资源的大量地质、物探资料、地质勘查和综合研究资料，结合对西天山、阿尔泰野外实地调查、磁法测量，进行了认真的综合分析研究，初步查明了全区铁、铬资源状况。

（2）运用现代成矿理论，对我国西部的富铁矿、铬铁矿成矿区带进行了划分，扼要论述了各区带的地质构造特征、地球物理特征、矿床特征，对控矿因素进行了初步评价。

（3）在地质工作程度相对较高的阿尔泰、西昆仑、西天山富铁（铜）矿成矿区，划分出 A 类预测区 6 个，B 类预测区 3 个，并采用德尔菲法初步估计了各预测区的资源潜力（见表 4-1 和表 4-2）。

（4）根据"突出重点、全面规划、分步实施"的原则，提出了我国西部富铁矿、铬铁矿资源调查评价规划部署方案。

（5）项目编制了我国西部铁矿及富铁矿成矿区带划分图、铬铁矿成矿区带划分图、新疆 4 个富铁矿成矿预测区及西藏 2 个铬铁矿成矿区的成矿预测与规划部署图，还附有西部铁矿床（点）、铬铁矿床（点）、超基性岩体（群）登记表，积累了丰富的基础资料。

表 4-1　西部地区铁矿/富铁矿资源潜力预测

成矿预测区	预测铁矿资源总量/亿吨	预测富铁矿资源量/亿吨
南阿尔泰富铁矿成矿区	6.23	3.00
西天山富铁矿成矿区	7.10	2.17
东天山富铁矿成矿区	30.70	12.28
西昆仑北段富铁矿成矿区	3.71	3.71
唐古拉—三江北段富铁矿成矿区	6.09	未预测
冈底斯—念青唐古拉山富铁矿成矿区	6.00	3.2
合计	59.83	>24.36

表 4-2 西部地区铬铁矿资源潜力预测

铬铁矿成矿预测区	预测铬铁矿资源量/万吨
西准噶尔铬铁矿成矿区	2636
祁连山铬铁矿成矿区	未预测
班公错—那曲—丁青铬铁矿成矿区	未预测
雅鲁藏布江—狮泉河铬铁矿成矿区	1225
合计	>3861

（三）评审验收情况

2005 年 4 月，中国冶金地质勘查工程总局组织有关专家对《我国西部地区富铁矿、铬铁矿远景调查报告》进行了评审。报告通过了专家的评审（中地调（冶）评字〔2005〕11 号），评定等级良好。

二、西藏雅江成矿带仁布等地区铬铁矿评价

（一）项目基本情况

西藏雅江成矿带仁布等地区铬铁矿评价为 2003 年新开的中国地质调查局国土资源大调查项目（任务书编号：资〔2003〕13-3 号、资〔2004〕43-4 号）。评价区位于西藏日喀则地区雅鲁藏布江两侧一带。西起仲巴县穷果，向东经昂仁、柳区、大竹卡至仁布以东一带，东西长 600km，南北宽约 100km。地理坐标为东经 86°～90°，北纬 29°～30°。其主要评价区位于日喀则地区仁布县城东部姆乡和西部查巴乡一带。项目起止时间：2003～2005 年。项目经费 270 万元。项目总体目的任务：针对雅江超基性岩带，以仁布地区为主要评价区，主攻与镁质超基性岩有关的铬铁矿，通过优选成矿有利地段，开展地质、物探等查证工作，初步查明仁布岩体的含矿性，对典型矿带进行解剖评价，提交新发现铬矿矿产地，进而全面评价超基性岩体的找矿潜力。

通过 3 年的调查工作，共完成主要实物工作量：1∶2.5 万专项地质测量 30km²，1∶2.5 万磁法测量 102.06km²，1∶5 万遥感解译 800km²，1∶20 万遥感解译 8000km²，1∶1 万地质草测 30km²，1∶2000 磁法剖面测量 67.74km，钻探 280.07m，槽探 980.05m³，坑道 135.01m，岩矿分析 44 件。

项目由中国冶金地质总局中南地质勘查院实施，项目负责人为钱应敏，参加人员为莫洪智、刘延年、陶德益、胡柏松、刘东升、翟中尧等。

（二）主要成果

（1）大致查明了重点评价区内的地层、构造、岩浆岩的分布特征。

（2）大致查明了较大的褶皱、断裂和破碎带的分布、规模和产状特征。

（3）评价了各类物探异常、化探异常、遥感异常和矿点或矿化点，大致查明其产出特征和分布范围。

（4）大致查明区内铬铁矿体的分布、数量、赋存部位、厚度、规模、产状和矿石质

量，估算铬铁矿 333+334$_1$ 资源量 4.75 万吨。

（三）评审验收情况

2006 年 8 月，中国冶金地质总局组织有关专家对该项目进行了野外验收，野外各项资料符合规范要求，验收通过（中地调（中冶）野验字〔2006〕3 号）。2006 年 12 月，中国冶金地质总局组织有关专家对《西藏雅江成矿带仁布等地区铬铁矿评价报告》进行了评审。报告通过了评审（中调地（冶）评字〔2006〕5 号）。

三、西藏山南铜多金属矿整装勘查区专项填图与技术应用示范

（一）项目基本情况

项目 2014 年新开，项目名称为"西藏山南铜多金属矿整装勘查区关键基础地质研究"；2015 年续做，项目名称变更为"西藏山南铜多金属矿整装勘查区专项填图与技术应用示范"。项目编号：12120114050801，任务书编号：科〔2014〕4-25-75；〔2015〕2-9-1-75。研究区为西藏山南地区铜多金属矿整装勘查区，位于西藏中南部。地理坐标为东经 91°00′00″~92°30′00″，北纬 29°10′00″~29°30′00″，行政区划隶属于山南地区的贡嘎县、扎囊县、乃东县、桑日县和曲松县。面积约 4462km²。项目起止时间：2014~2015 年，项目经费 410 万元，其中 2014 年 210 万元，2015 年 200 万元。总体目标任务：

（1）以矽卡岩型、斑岩型铜多金属矿，以及阿尔卑斯型铬铁矿为重点，在山南铜多金属矿整装勘查区的努日、罗布莎等重点工作区，主要通过成矿地质体、成矿构造和成矿结构面、成矿作用特征标志等研究，结合必要的大比例尺专项地质填图及物化探工作，构建找矿预测模型，开展找矿预测研究，强化成果应用，及时为勘查工程布置提供合理化建议。

（2）动态跟踪山南铜多金属矿整装勘查区工作进展，编制工作报告；编制重点工作区大比例尺专题图件，开展选区研究。

完成主要实物工作量：2014 年底，该整装勘查区被拆分为两个整装勘查区，即将山南铜多金属矿整装勘查区南部的泽当超基性岩体分布区—东部罗布莎超基性岩体一带区域划出，成立了新的西藏扎囊—朗县铬铁矿整装勘查区，该整装勘查区面积也相应缩减为 3317km²。故 2015 年起，该项目工作范围不再包括罗布莎等铬铁矿分布区域，针对罗布莎铬铁矿的研究工作仅做了一年。在罗布莎矿区完成钻孔岩心矿物光谱测量 2000m，1：5000 岩性构造岩相专题修编 5km。

项目由中国冶金地质总局第二地质勘查院实施，中国冶金地质总局矿产资源研究院作为课题承担单位。项目负责人为秦志平、王锦荣，总工程师为黄树峰，主要完成人员为邹睿馨、王广华、郭健、黄照强、孙赫、闫清华、李祥强。

（二）取得成果

铬铁矿相关的地质成果：根据罗布莎钻孔岩心矿物光谱测量成果，发现铬铁矿化与蚀变矿物金云母和绿泥石具有相关性，对铬铁矿的找矿勘查工作具有指示作用（中冶资源研究院课题成果）。

找矿预测研究成果：以"三位一体"成矿理论为指导，通过对已知重点矿床（努日铜多金属矿床和罗布莎铬铁矿床）的解剖研究，结合相应的研究样品测试分析，总结出该区铜（钨钼）和铬铁矿床成矿地质条件与成矿特征、成矿地质体与控矿构造类型、矿床分布产出规律与找矿标志；建立了相应的找矿预测模型；提出了重点勘查靶区与深部验证方案。对该区域进一步找矿工作具有指导意义（中冶资源研究院课题成果）。

（三）评审验收情况

2016年5月5日，项目原始资料通过了西藏国土厅组织的专家组检查验收，评分88分。2016年12月提交《西藏山南铜多金属矿整装勘查区专项填图与技术应用示范报告》。

四、新疆西准噶尔地区达拉布特岩带铬铁矿调查评价

（一）项目基本情况

"新疆西准噶尔地区达拉布特岩带铬铁矿调查评价"是2015年新开的中国地质调查局铁锰矿资源调查评价项目（项目编码：12120115038301）。调查评价区位于新疆石油城市克拉玛依的北部，直线距离30km。行政区划隶属伊犁哈萨克自治州托里县管辖。地理坐标为东经$84°03'00'' \sim 85°15'00''$，北纬$45°36'00'' \sim 46°14'00''$，调查评价区面积约$6559km^2$。调查区地处准噶尔盆地西缘的扎依尔山南坡达拉布特一带，南接石油城市克拉玛依市。项目起止时间：$2015 \sim 2017$年，实际工作时间为2015年，项目经费550万元。项目总体目的任务：以蛇绿岩型铬铁矿为主攻矿床类型，在充分收集和分析区内已有的地质矿产、物探成果资料的基础上，对达拉布特超基性岩带开展1：5万矿产地质调查。根据岩体的岩石化学特征、岩相分带及构造特征，选择成矿有利的岩体进行矿点检查，通过开展大比例尺重磁测量工作，圈定物探异常。综合地质、物探成果和前人资料，择优对物探异常和含矿构造岩相带，施工探槽或钻孔验证，探求资源量，对全岩体含矿性作出评价。

项目只实施了1年，共完成主要实物工作量：1：5万专项地质测量$600km^2$，1：5万磁法测量$600km^2$，1：5万重力测量$600km^2$，1：1万地质草测$30km^2$，1：5000磁法测量$30km^2$，1：5000重力测量$30km^2$，1：2000地质剖面测量50km，1：2000重力、磁法剖面测量10km，钻探512.74m，槽探$1980m^3$，岩矿分析540件。

项目由中国冶金地质总局中南地质勘查院实施。项目负责人为冼道学，参加人员为曹景良（项目负责人及综合研究、教授级高级工程师）、刘延年（项目技术负责人、高级工程师）、李旭成（行政管理负责人、工程师）、肖明顺（物探组负责人、工程师）、周逵（化探组负责人、高级工程师）、周勇、杨航、龚强、张翠等。

（二）主要成果

（1）通过1：5万重磁测量，共圈定重力和磁法异常分别为19个和6个，其中值得进一步工作（开展1：5000重磁测量）的有4个靶区。

（2）根据1：5万重力异常特征、水平梯度模量和垂向二阶导数等特征，并结合磁法和地质资料，共推断出断裂24条。其中F_3、F_{17}、F_{18}、F_{19}、F_{20}、F_{21}、F_{22}、F_{23}、F_{24}断

裂均有矿点出露，可作为下一步的找矿重点区。

（3）进行了典型矿床研究，在对比研究调查区铬铁矿成矿规律的基础上，建立了该区的成矿模式。

（4）对达拉布特超基性岩带各个岩体地质特征进行了研究，认为岩体面积相对较大、蚀变较强的苏鲁乔克岩体、达拉布特岩体、科果拉岩体是寻找铬铁矿的有利岩体。

（5）通过大量深入的重磁工作并结合以往工作成果，综合分析认为，该区超基性岩体上普遍为负重力场至正常场值范畴，即呈现 $-0.4 \times 10^{-5} \sim 0.15 \times 10^{-5} \mathrm{m/s^2}$，甚至部分地段辉橄岩和橄榄岩上为 $-0.3 \times 10^{-5} \sim 0.6 \times 10^{-5} \mathrm{m/s^2}$，负异常，反映了超基性岩体相对低密度特性，这些与标本密度特征相吻合。从区内铬铁矿和矿化岩石不均匀磁性看，主要呈现低磁-高磁，说明与铬铁矿体中含铁磁性物质的量有着密切关系，与区内铬铁矿点的磁异常存在一致性，再加上超基性岩体普遍为强磁异常，存在叠加明显强磁异常或者负磁异常，以及梯度带。因此，在超基性岩体上呈现高重低磁、高重负磁、高重高磁，均是该区寻找铬铁矿间接的找矿依据，圈定的异常值得重视。

（6）圈定可进一步开展矿产勘查的找矿靶区3处，分别为苏鲁乔克铬铁矿找矿靶区、达拉布特铬铁矿找矿靶区、科果拉铬铁矿找矿靶区，指出了各找矿靶区的进一步找矿方向。

（三）评审验收情况

2016年8月5日，中国地质调查局西北项目办组织有关专家在乌鲁木齐市对该项目进行了野外验收，野外各项资料综合评定为良好（评分为86分），验收通过。2016年12月2~3日，中国地质调查局西北地区地质调查项目管理办公室组织专家对《新疆西准噶尔地区达拉布特岩带铬铁矿调查评价报告》进行了评审。报告通过了专家的评审（中调地（西北）审字〔2017〕30号）。

五、新疆库地岩体及外围铬铁矿资源调查评价

（一）项目基本情况

"新疆库地岩体及外围铬铁矿资源调查评价"项目为中国地质调查局2015年地质矿产调查评价专项新开子项目（编号〔2015〕2-10-3-9），子项目编码：12120115038501。评价区位于青藏高原北缘，塔里木板块（Ⅰ级）和青藏板块（Ⅰ级）结合部康西瓦-鲸鱼湖缝合带的北侧，由西向东分属新疆喀什地区叶城县和和田市皮山县管辖。地理坐标为东经76°30′00″~78°00′00″，北纬36°45′00″~36°57′00″，面积约3000km²。涉及1:25万图幅1幅，为麻扎幅（J43C004004）。工作起止年限：计划为2015~2017年，实际为2015年。项目经费350万元。

2015年工作任务：针对蛇绿岩带开展矿产地质调查，基本圈定蛇绿岩分布及产出特征，解剖库地蛇绿岩，划分构造岩片；通过1:1万地质测量、1:1万磁法测量，大致查明库地蛇绿岩地质特征、磁异常特征及可能存在的隐伏岩体；通过构造岩相带研究，大致查明不同岩相带与铬铁矿的关系，为后续工作提供依据。

项目完成的主要实物工作量：1:5万地质测量（草测）600km²，1:1万地质测量（草测）50km²，1:1万磁法测量50km²，1:5000地质剖面测量50km，1:5000磁法剖

面测量 20km，槽探 400m³。

项目由中国冶金地质总局西北地质勘查院组织实施。项目负责人为陈贺起，总工程师为徐卫东，主要参与人员为武怀丽、仇喜超、刘程、姜安定、任乐乐、辛麒、张子鸣。

(二) 取得成果

(1) 了解了评价区内蛇绿岩的基本特征，对各蛇绿岩体铬铁矿找矿前景进行了初步评价，初步认为库地蛇绿岩具良好的铬铁矿找矿前景。库地蛇绿岩体分为纯橄榄岩相、纯橄榄岩+辉橄岩相、辉长岩+辉石岩相，橄榄岩类 M/F 平均值为 10.39，基性度 ($M+F/Si$) 平均值为 1.78，有利于铬铁矿成矿，目前已发现铬铁矿点；他龙岩体仅见纯橄岩 (强蛇纹石化)、橄榄岩和橄辉岩，橄榄岩类 M/F 比值为 1.40，基性度平均值为 0.36，均远低于库地蛇绿岩体相应比值，不利于铬铁矿的富集成矿，初步认为他龙岩体的铬铁矿找矿前景不佳。

(2) 此次工作在库地岩体东侧新发现两处超基性岩露头，推测其可能为库地蛇绿岩体的一部分，扩大了区带铬铁矿找矿范围。

(3) 在库地岩体圈定 4 条铬铁矿体，初步了解了铬铁矿地质特征。

1) 通过地表槽探工程揭露共圈定出 4 条铬铁矿体，分别为 Cr1、Cr2、Cr3、Cr4。其中 Cr1 由 TC1 和 TC3 控制走向，长近 40m，平均宽 0.90m，Cr_2O_3 平均品位为 7.60%；Cr2、Cr3、Cr4 均由探槽 TC2 控制，其中 Cr2 矿体宽 0.5m，沿走向断续长 20m，Cr_2O_3 平均品位为 11.68%；Cr3 矿体宽 0.6m，沿走向断续长 20m，Cr_2O_3 平均品位为 6.71%；Cr4 矿体宽 0.5m，沿走向断续长 20m，Cr_2O_3 平均品位为 24.96%。

2) 铬铁矿体产出于纯橄榄岩+辉橄岩岩相带的纯橄榄岩中，沿走向延伸极其有限，矿石矿物为铬尖晶石，呈条带状、浸染状分布，以条带状为主，单个矿物条带宽 0.2~3cm。矿体与围岩无明显界线，但局部可见铬铁矿条带与围岩之间有明显的相对滑动特征，裂隙面上擦痕较为明显。

3) 从矿体矿石矿物分布特征看，铬铁矿成因类型应为岩浆分异型，而从局部的裂隙特征看，其经受了后期的构造挤压作用，但这种构造挤压作用似乎较弱 (与罗布莎铬铁矿矿体特征相比较，库地铬铁矿未见构造破碎带，构造裂隙也较少)。

(4) 初步总结了库地铬铁矿的找矿标志，主要包括：

1) 直接标志：矿体露头和矿石滚石为直接找矿标志。

2) 岩相标志：矿体分布于纯橄榄岩+辉橄岩岩相带靠近辉长岩+辉石岩岩相带的纯橄榄岩中。

3) 围岩特征 (蚀变) 标志：辉石细脉发育部位往往发育有铬铁矿体，这一特征在库地铬铁矿区较为明显。

4) 磁异常标志：蛇绿岩中中等强度的磁异常往往具有较好的铬铁矿找矿前景。

5) 岩石化学标志：蛇绿岩中镁铁比值高、基性度高，富镁铬尖晶石发育地段有利铬铁矿的形成，评价区内蛇绿岩镁铁比值高 (大于 9)、基性度高 (大于 1.5)，富 MgO (含量大于 4%) 地段有利铬铁矿成矿。

(5) 综合工作成果认识，圈定铬铁矿找矿远景区 1 处，远景区内优选铬铁矿找矿靶区 1 处。

（三）评审验收情况

中国地质调查局西北项目办于 2016 年 8 月 9 日在西安对项目原始资料进行了验收，项目部根据验收意见对原始资料及报告进行了修改。

中国地质调查局西北局项目管理办公室于 2016 年 11 月 24~25 日组织专家，在西安对中国冶金地质总局西北地质勘查院完成的《新疆库地岩体及外围铬铁矿资源调查评价项目工作总结》进行了评审，评分 81 分，等级为良好。

六、内蒙古贺根山—索伦山地区铬铁矿调查评价

（一）项目基本情况

"内蒙古贺根山—索伦山地区铬铁矿调查评价"项目是中国地质调查局项目（项目编码：12120115030501），所属二级项目为"二连东乌旗成矿带西乌旗和白乃庙地区地质矿产调查"。由天津地质调查中心直接下达任务书，任务书编号为〔2015〕-2-7-1-21、津〔2016〕01039-4、津〔2017〕0047-1。调查区西起索伦山，东至东乌珠穆沁旗，分成两个区，东区为萨达嘎庙—小坝梁地区，工作范围为北纬 43°40′~45°20′，东经 112°00′~117°20′，投标区面积为 2.22 万平方千米。西区为索伦山—乌珠尔地区，工作范围为北纬 42°20′~42°38′，东经 108°00′~110°00′，北界为中蒙边界。测区大地构造位置位于西伯利亚板块与华北板块拼接部位，主体属于二连—贺根山结合带（蛇绿混杂岩带），根据邵和明（2001）测区三级成矿带隶属于大兴安岭中段华力西，燕山期铁、锌、钨、金、铬、铅成矿带（Ⅲ4），四级成矿带属于贺根山铬、金、铜成矿带（Ⅳ45）。工作起止年限：2015~2017 年，项目经费 650 万元。

总体目标任务：以新的铬铁矿成矿理论为指导，以蛇绿岩型铬铁矿为主攻矿种，系统搜集内蒙古索伦山—贺根山一带地物化遥和铬铁矿调查等资料，开展贺根山—索伦山地区 1：5 万矿产地质调查。在成矿有利地段，采用大比例尺地质调查、磁法、重力、地物化综合剖面及少量山地工程等手段，开展异常查证和矿产调查，圈定找矿靶区，对工作区内铬铁矿资源潜力作出总体评价。

2015~2017 年完成主要实物工作量：控制点测量 50 点，1：5 万专项矿产地质填图 250km²，1：1 万地质测量 43km²，地质剖面测量 185.38km，1：5000 磁法剖面测量 250.5km，1：5 万重力扫面 1468km²，配合适量的地、物、化综合剖面，槽探 1782m³，以及地、物、化综合剖面 50km，岩矿试验 5296 件。

项目由中国冶金地质总局第一地质勘查院实施，项目负责人为李继宏、韩雪，总工程师为胥燕辉，主要完成人员为张昊、王兴文、冯三川、曹学丛、顾浩、齐世卿、李帅值、陈喜财、夏广清、赵永双、高崇瑞、杨立新、周燃、徐剑波、高成核等。

（二）主要成果

（1）总结出调查区中央含矿构造岩相带特征：

1）位于岩体中部，斜辉辉橄岩夹纯橄榄岩相的中下部，由斜辉辉橄岩、纯橄榄岩、

铬铁矿、辉长-辉绿岩、片理化带、构造破碎带等组成。其岩性、岩石化学、铬尖晶石成分、构造特征、蚀变程度，与上下的岩相、岩石有较明显的差别。

2）地球物理特征显示：带内为高磁低重力，而其两侧的岩石则为（相对）低磁高重力。

3）含矿构造岩相带（简称矿带）的形态产状，总体与岩体产状基本一致。矿带在走向上连续性长达数十千米，在倾向上连续超过1km。矿带的最宽地段，也是岩体的膨大部位。带内岩性变化频繁，斜辉辉橄岩、纯橄榄岩透镜体的单层厚度不大，含有铬透辉石，与构造破碎带等相间交替出现。矿物普遍具有波状消光，强烈的变晶、碎裂结构。常见辉长-辉绿岩脉穿插。

4）矿带中的矿体成群出现，分段集中。

5）辉长-辉绿岩脉和构造破碎带是带内的又一重要标志。矿体和构造密切相关，许多矿体中可见多个方向不同的擦痕面，近矿围岩强烈揉皱。

（2）对已知3756铬铁矿床成矿条件进行综合研究，总结出蛇绿岩型铬铁矿找矿模型。

（3）对各个调查区的工作成果进行综合研究，划分出6条中央含矿构造岩相带。

（4）根据成矿地质条件，重力、磁法异常的地质特征，圈定出具有成矿潜力的找矿靶区6处，对区域矿产潜力作出综合评价，指导更进一步的找矿工作。

（三）评审验收情况

2018年8月8~9日，中国地质调查局天津地质调查中心对项目报告进行了评审（津地调评字〔2018〕4-2号），并于2018年12月28日下发了审查意见书（津地调审字〔2018〕4-2号）。

七、新疆东准噶尔卡拉麦里地区铬铁矿调查评价

（一）项目基本情况

"新疆东准噶尔卡拉麦里地区铬铁矿调查评价"项目是2015年"铁锰矿资源调查评价"项目的子项目，2016年并入"阿尔泰成矿带喀纳斯和东准地区地质矿产调查"二级项目。子项目任务书编号：资〔2015〕2-10-3-8号，子项目编号：12120115038401。调查区位于新疆维吾尔自治区的东北部，准噶尔盆地东部卡拉麦里山红柳沟一带，范围为东经89°34′06″~90°18′40″，北纬44°59′01″~45°16′59″。面积800km²。调查区涉及9幅1∶5万幅，国际分幅号为：L45E017023(库孜滚德能·阿根达格库都克幅)、L45E018023(科仍温德尔幅)、L45E017024（克孜勒库都克幅）、L45E018024（巴斯克阔彦德幅）、L46E017001（水晶矿幅）、L46E018001（红柳沟幅）、L46E019001（六棵树幅）、L46E018002(黄居里山幅)、L46E019002(苏吉幅)。行政区划隶属于新疆维吾尔自治区昌吉回族自治州奇台县和新疆维吾尔自治区伊犁哈萨克自治州阿勒泰地区富蕴县、清河县管辖。工作起止年限：2015~2017年。项目总经费645万元，其中2015年450万元，2016年160万元，2017年35万元。

总体目标任务：全面收集调查区及邻区已有的地质、物化探、矿产和重砂、遥感资

料，以铬铁矿为主攻矿种，加强该区蛇绿岩岩石类型及组合特征、含矿岩系研究，类比西准噶尔铬铁矿及西藏罗布莎铬铁矿成矿类型，以岩相构造控矿理论为指导，详细划分出超基性岩岩相分带，以平顶山铬铁矿区为重点突破口，按"攻深找盲"的工作思路，通过矿产地质调查、重力测量、磁法测量、地质草测、地物综合剖面等工作手段，寻找成矿有利地段，开展矿产检查、评价工作，提交找矿靶区，评价该区铬铁矿等找矿潜力和资源远景，为进一步开展矿产勘查工作提供依据。

完成主要工作量：1:5万高精度磁测、重力测量各800km²，1:5万矿产地质修测500km²，1:1万地质草测30km²，1:1万重力测量30km²，1:1万地质、重力、磁法剖面测量11km，1:5000地质、重力、磁法剖面测量40.2km，钻探505.1m，槽探1025m³，一般岩矿分析588件。

项目由中国冶金地质总局山东正元地质勘查院实施，项目负责人为孙婧，总工程师为连国建，主要完成人员为季志刚、秦荣毅、刘永昌、张宏建、文博、杨斐、王守朋、陈汝建、林帅雄、周建刚、李建委、郭国涛、王登超、鹿伟、宗鹏、王红云、邵雅琪、樊春花、毛凤娇等。

(二) 主要成果

(1) 项目部收集了调查区区域地质、区域物化探资料及萨尔托海、平顶山铬铁矿等矿产地质资料，结合项目取得的重、磁成果及异常查证资料，对萨尔托海、平顶山铬铁矿开展典型矿床研究及调查区资源潜力评价，综合分析研究，编制并提交项目成果报告。

(2) 根据重磁场特征，结合地质资料，调查区划分断裂带12条，其中一级断裂1条、二级断裂3条、三级断裂8条，反映了卡拉麦里深断裂和清水—苏吉泉大断裂控制超基性岩体分布，决定了重力异常主体宏观特征。调查区圈定重力高异常20个、重力低异常22个，其中与超基性岩体相关的重力高异常9个、重力低异常7个，其余重力异常主要为泥盆系、石炭系隆起、凹陷所引起。圈定磁异常164个，其中乙类异常29个、丙类异常135个，推断高磁异常主要为超基性岩体引起，并圈定了超基性岩体分布范围。

(3) 通过槽探、钻探工程对物探异常进行了查证，发现大量矿化信息，尚未发现有规模的工业矿体。

(4) 提交了铬铁矿找矿靶区3处，即康萨尔找矿靶区 (C类)、阔彦德能喀拉乔克找矿靶区 (C类)、喀腊麦里勒找矿靶区 (C类)。

(三) 评审验收情况

2017年9月5~8日通过了中国地质调查局西安地质调查中心对野外工作和原始地质资料验收 (中地调 (西北) 野验字〔2017〕8号)，验收质量评分86分，为良好级。2018年5月28~29日通过了中国地质调查局西安地质调查中心组织的报告评审，经专家组综合评定，报告得分为84分，为良好级。

八、班公湖—怒江缝合带东段丁青岩体及外围铬铁矿资源潜力评价

(一) 项目基本情况

"班公湖—怒江缝合带东段丁青岩体及外围铬铁矿资源潜力评价"是中国地质科学院

地质研究所负责实施的"西藏雅江与班怒成矿带铬铁矿综合调查"的下属委托业务（委托业务工作编码：DD20160023-03）。项目工作范围：青藏高原中东部，地理位置上处于西藏自治区东北部，地理坐标为东经95°16′~96°33′，北纬31°06′~31°33′，行政区划上隶属昌都地区丁青县，丁青县政府所在地位于测区中部。该委托业务工作周期3年，2016~2018年。2016~2018年委托业务任务书编号分别为：〔2016〕01021-3、〔2017〕1-4-2-3、〔2018〕0415-1-3。经费来源：中国地质科学院地质研究所（中央财政资金）。预算经费1286万元，实际勘查费用投入1297.08万元。其中，2016年委托业务经费控制数为500万元，实际投入501.92万元；2017年委托业务经费控制数为446万元，实际投入444.69万元；2018年委托业务经费控制数为340万元，实际投入350.60万元。

总体目的任务：

（1）通过对丁青蛇绿岩开展铬铁矿成矿地质背景调查、大比例尺地面磁法测量和重力测量等基础工作，应用物探数据计算机正、反演技术探索丁青蛇绿岩的深部特征。

（2）以罗布莎式蛇绿岩型铬铁矿为主攻矿床类型，根据丁青蛇绿岩的岩石化学特征、岩相分带及构造特征，选择$M/F>8$，岩相分带明显的地段，开展大比例尺地质、重磁—激电测量工作，圈定含矿构造岩相带。综合地质、物探成果和前人资料，对含矿构造岩相带择优施工探矿工程揭露验证，对丁青蛇绿岩的铬铁矿含矿性及已知铬铁矿点的找矿潜力进行总体评价。

项目实施以来，根据任务书、实施方案和评审意见书规定的各项工作任务和实物工作量，先后完成1:5万矿产地质调查70km²、1:5万区域地质调查600km²、1:1万地质简测136km²、1:2000地质简测2km²、各类比例尺实测地质剖面测量46.4km、1:5万重力和磁法测量430km²、重力和磁法剖面测量20km、激电中梯剖面测量和视电阻率中梯测量10km、激电测深测量8个点、可控源音频大地电磁测深测量200点、槽探6157.7m³、钻探500.08m、岩石化学基本分析样255件、小体重样60件、光薄片样188件、岩石化学全分析（主微量、稀土元素分析）51件、电子探针650件、锆石U-Pb法同位素测年样20件。

项目由中国冶金地质总局第二地质勘查院实施，项目负责人为张承杰、穆小平，主要完成人员为郭腾飞、高小雷、施扬术、吕佳浩、李中、吴天怀、赖臻敏、沈宏彬等，物探人员为胡亚龙、文武、田仁聪、王忠凯、刘想想、何环银等，测量人员为唐敏、李杰、高明、潘幸，技术指导为李秋平、江善元、严国文等。

（二）主要成果

根据丁青蛇绿岩体地质特征，以及不同岩石类型的地球化学、年代学、矿物学等特征，初步认为丁青蛇绿岩形成过程至少存在两个阶段，包括第一个阶段的MORB型地幔，第二阶段具俯冲带（SSZ）性质蛇绿岩。

在丁青西蛇绿岩、丁青东蛇绿岩（西段）、丁青东蛇绿岩（东段）三个测区开展物探工作，铬铁矿磁化率从200×10^{-5}~2000×10^{-5}均有分布，总体显示为中高磁化率；电性特征显示为高极化率、低电阻率；但密度分布特征在丁青西与丁青东（西段、东段）工区明显不同，丁青西测区显示为中高等密度，丁青东（西段、东段）工区显示为高重力。

主要在丁青西蛇绿岩浪达测区和那宗纳测区、丁青东蛇绿岩拉滩果测区、拉拉卡测和拉冬日测区开展矿点检查工作，发现铬铁矿体 42 处，铬铁矿点几十处，铬铁矿化点 100 多处。圈定了 4 个找矿靶区。最终预测铬铁矿资源量：浪达靶区 39.74 万吨、那宗纳靶区 6.87 万吨、拉滩果靶区 1.01 万吨、拉拉卡靶区 11.30 万吨，合计 58.92 万吨。

（三）评审验收情况

2018 年 11 月 29 日，中国地质科学院地质所组织有关专家，在北京召开了项目野外验收会议，会议认为，该项目较好地完成了任务书、设计书及其审批意见所规定的野外工作阶段任务，所提供的野外验收各种资料齐全，经过专家组讨论，一致同意通过野外验收（不评分）。

第五章　主要科研成果

经过了 70 年的铬铁矿勘查研究，冶金地质人积累了丰富的铬矿研究成果。20 世纪 60 年代我国地质科研队伍得到了发展，铬矿科研规模不断扩大。由于国家对铬矿资源的急迫需求，铬矿地质科研专题项目得到国家的重视和财政支持，冶金部结合找矿工作需要，对全国超基性岩带开展了科学研究工作。冶金部北京地质研究所王述平等人结合找矿工作需要，对开山屯、松树沟等铬矿开展了科学研究工作。80 年代冶金部对哀牢山、准噶尔和内蒙古等地区的研究都表现了新的发展趋势。90 年代冶金部地质勘查总局出版的《中国铬矿志》是第一部全面、系统反映我国铬矿资源状况、勘查开发历史和当时现状的志书。21 世纪，中国冶金地质总局铬矿勘查研究团队对铬铁矿的成矿规律、找矿模式进行了深入研究。

第一节　铬矿科研项目

一、陕西商南铬矿铂族元素略查

项目基本情况：1971～1972 年，陕西冶金地勘公司 713 队对商南铬矿的铂族元素进行了分析研究，共完成普通分析 269 件，组合分析 45 件，电子探针分析 82 件，光片 108 块。1973 年提交《商南铬矿铂族元素略查报告》。

二、云南省锰铬金找矿区划报告说明书

（一）项目基本情况

1987 年，西南冶金地质勘探公司 603 队对地质设计进行了批复（西南冶地〔1987〕地字 5 号），批准和同意开展相关地质工作，具体任务是：加强富锰矿及优质锰矿的找矿；认真开展川西南及云南境内黄金找矿；重视西昌两会地区中小富铁矿的找矿前景，继续为四川钢铁工业提供普通铁矿资源；做好锰金铬成矿远景区划，同时做好川西南同类矿种（金、铬）成矿区划，于 10 月提交正式报告。

项目由冶金部西南地质勘探公司昆明地质调查所承担。项目负责人为赖裕强，主要参加人员为白崇裕、苑芝成。

（二）主要成果

工作期间，根据项目设计批文要求，共收集铬矿点 11 个，金矿点（包括砂金）181 个，锰矿点 47 个及与金有关的汞、砷、锑和含金多金属矿（床）点 84 个。并系统收集了 1∶20 万区域地质矿产报告 46 幅，踏勘了锰铬金矿点 28 处，取基本分析样品 120 件，光谱分析样品 170 件，重砂取样 46 件，薄片样 4 件。

初步掌握了云南省铬金不同矿床类型产出的地质背景，为在云南开展锰铬金矿的普查找矿方向积累了资料，为"七五"后期找矿规划及 1988 年的找矿工作安排打下了基础。

通过踏勘取样分析，查明了各矿点产出的地层、构造、岩浆岩等特征及矿点有益元素的含量，初步掌握了各成矿带的成矿地质条件，为远景区划及找矿规划提供了依据。

三、陕西省宁强县冯家山铬铁矿调研

(一) 项目基本情况

冯家山铬矿床行政上属于陕西省宁强县庙坝乡冯家山村。地理位置为东经 $106°20'41''$，北纬 $33°09'08''$。矿区位于秦岭地槽和扬子地台的衔接部位，大地构造单元属于摩天岭褶皱带文县—勉县褶皱束。地质上常将勉县—略阳—阳平关间这一三角形地区称为勉略宁三角地带。矿区位于三角地区的东部。

总体目的任务：〔1988〕西冶地计字 58 号文向地调所下达了"陕西省勉略宁地区砂岩铬铁矿普查"任务，该项目属于调研项目。地调所以〔1988〕西冶地调计字 1 号文件将该任务下达给该所铬铁矿组，并提出具体要求如下：通过对陕南已知砂岩铬铁矿的实地考察，初步掌握砂岩铬矿的地质特征，分析其成矿条件，选择有利地区开展概查，寻找新的矿点，并对陕南砂岩铬铁矿的找矿远景提出意见。1989 年，公司以〔1989〕西冶地计字 38 号文下达，在原工作的基础上，对冯家山铬铁矿床进行了浅部硐探了解，控制工作量 160m，解剖几个主要矿体的形态、规模、品位的变化及有无平行矿体等，总结成矿规律，指导面上普查。

1988 年 5~12 月，由西北冶金地质勘探公司西安地质调查所承担，项目负责人为李彤泰、张建云，主要参与人员为古貌新。

提交报告时间：1990 年 12 月。

(二) 主要成果

冯家山铬铁矿床是沉积成因的砂岩铬铁矿床，与通常产于超基性岩中的铬铁矿床迥然不同，是一种新型的铬铁矿床类型。

关于含铬岩系的沉积环境，该区位于川黔碳酸盐台地的北部边缘，震旦系沉积具有潮间泄湖带的特点，含铬岩系是在半封闭还原环境、局限性水流的条件下形成的沉积，因而分布范围比较局限。

对矿石的可选性及开发利用途径做了客观分析，并进行了矿床经济评价。

四、云南省锰、金、铬、铁等地质科技情报调研

(一) 项目基本情况

1988 年，为了尽快了解云南的地质特征及矿产分布情况，为振兴云南经济作贡献的指导精神，特设"云南省锰、金、铬、铁等地质科技情报调研"专题项目，以便收集研究更多信息，起到地质技术管理中"信息—预测—决策"的作用。西南冶金地质勘探公司昆明地质调查所承担云南省锰、金、铬、铁等地质科技情报调研工作。

专题具体任务是：

（1）对云南省基础地质资料 1∶5 万～1∶20 万区测报告、区域物化探资料及有关科研报告，有关矿点普查资料进行全面搜集。

（2）在搜集资料过程中，发现重要的找矿信息应及时向总办汇报，每月应进行情报调研工作书面汇报。

（3）搜集资料秉着本系统（公司、部地质资料馆）、全国地质资料馆、各地质队及有关生产矿山和有关冶炼厂等均开展收集工作，以便获取更多的信息。

（4）10 月底提交地质科技情报调研报告（应包括工作概况、所获重要地质找矿信息、有关矿种地质工作程度及今后工作建议）。

项目负责人为谢国铭，主要参加人员为李福光、苑芝成。

（二）主要成果

根据目的任务，主要开展了全国及地方资料馆的资料收集，完成 1∶20 万区测地质报告（含 1∶20 万水文区测报告）25 套、区域物化探资料 51 件、锰矿资料 29 件、铬矿资料 69 件（其中含命利矿区全套资料）、金矿资料 36 件、铁矿及其他资料 16 件的收集。

五、陕西商南—河南西峡一带低品位铬铁矿远景及其利用可能性研究（陕西部分）

（一）项目基本情况

研究范围：陕西商南—河南西峡一带。松树沟低品位矿床产于松树沟超基性岩体中，位于陕豫交界处。目的任务：按照〔1990〕西冶地字 103 号文要求，在 1990 年底提交"陕西商南—河南西峡一带低品位铬铁矿远景及其利用可能性研究"年度报告。1990 年 11 月 20 日，在野外地质调查和室内整理的基础上，已编完 1991～1992 年（陕西商南）工作设计。该项目专题研究时间为 3 年。1990 年为工作第一年，根据所内意见 1990 年对该项专题进行工作总结。项目周期：1990 年 1 月～1992 年 12 月。

该项目由冶金部西北地质勘查局西安地质调查所负责实施。1990 年该项目负责人为刘仰文；1991～1992 年该项目负责人为高象新。

1990 年提交报告时间：1991 年 1 月 18 日；1991～1992 年提交报告时间：1992 年 12 月。

（二）主要成果

1990 年项目主要成果：对矿床成矿有利条件进行了分析研究，对主要的 9 个矿体参照新参考指标进行了初步圈定和远景储量估算，估算可新增远景储量 38 万吨。并提出在浅、深部找矿的有望地段线索。分析后认为矿床低品位铬铁矿的远景是很可观的。

1991～1992 年项目主要成果：

（1）在全面搜集前人资料的基础上，重点对松树沟铬铁矿区的碾盘沟、王家坪、中堂沟等矿化带进行了野外实际调查和采样，并动用了轻型山地工程，获得了大量的新资料，从而为该区低品位铬铁矿储量估算和开发利用提供了依据。

（2）论述了超基性岩体的成因，指出松树沟岩体群为东秦岭蛇绿岩套的组成部分。对铬铁矿床的成因，认为属于地幔熔融残留型。总结出铬铁矿成群出现、成带集中、分带产出的分布特征。在成矿规律上提出岩相是控矿的基础，矿体形成于成岩过程中。这是运用新的理论对岩体与矿床形成机制的认识，具有一定的理论水平。

（3）按照冶金系统提出的新的工业参考指标，经过野外调查、采样分析及重新编图，对 42 个矿体进行了储量估算，可新增低品位铬铁矿 35 万余吨。

（4）根据成矿条件和成矿规律分析，结合铬铁矿化带和矿点的分布，预测出王家坪—中堂沟外围、中堂沟与小松树沟之间、王家坪与干沟之间、碾盘沟口—115 坑一带，以及各区段矿化带第二含矿层（即地表以下 500～700m 深度）为成矿远景区，这为今后进一步找矿指出了方向。

（5）对低品位铬铁矿的伴生金属及其副产品，提出了综合利用的可能性，为合理开发矿产资源，建设无尾矿矿山，以及提高经济效益，均具有实际意义。

六、中国黑色金属矿产科学普及研究

（一）项目基本情况

2020 年 3 月，中国冶金地质总局矿产资源研究院承担了中国矿产地质志二级项目委托业务"中国黑色金属矿产科学普及研究"。

2020 年 3 月，中国矿产地质志项目办下达了"中国黑色金属矿产科学普及研究"委托业务合同书。在中国冶金地质总局统一协调下，由研究院牵头，一局、西北局参与，共同编制完成并通过了项目办组织的实施方案评审。主要任务为完成《中国黑色金属矿产地质志（普及本）》的编写，协助完成单矿种志（铁、铬、钒、钛）部分内容的研编工作。

（二）主要成果

（1）完成资料收集铁、锰、铬、钒、钛科技论文 1878 篇，专著 91 部，其他各类报告上百份；收集资料数据并提取建库涉及钒钛矿近 10 年来资源量、供需及贸易等数据共 270 条；锰矿近 10 年来资源量、供需及贸易等数据共 13 个工作表中的 484 条。组织召开总局技术研讨会 1 次，其他分组会多次。

（2）完成了《中国矿产地质志·黑色金属（普及本）》《铁矿志（上篇）》《铬、钒、钛矿志》（部分）的初稿。开展了铁矿资源开发利用及供需情况资料的收集和整理工作，较全面地介绍了我国铁矿开发现状，采矿、选矿成本、选矿技术方法指标，尤其是铁尾矿利用情况；全面分析了我国锰矿时空分布特征；对中国铬、钒、钛矿的成矿规律进行综合研究，系统总结了铬钒钛矿找矿经验和勘查技术方法，梳理出了主要勘查模型，为以后开展相关的铬、钒、钛矿找矿勘查工作提供了依据。发表 SCI 论文 1 篇。

七、《中国铬矿志》（部分）

（一）项目基本情况

2020 年 3 月，中国冶金地质总局矿产资源研究院承担了中国矿产地质志二级项目委托业务"中国黑色金属矿产科学普及研究"，并编制实施方案，2020 年 5 月通过审查。其中协助中国地质科学院矿产资源研究所研编《铬、钒、钛矿产志》的任务主要由西北局

承担，其中跟铬矿相关的编制内容包括：上篇，共 4 章 14 节，具体为铬的物理、化学及地学特征，铬的资源概况，铬矿的勘查与科研成果，中国铬矿的开发利用情况；中篇，包括西北地区铬典型矿床；下篇，主要从中国铬矿的资源保障、潜力评价、勘查模型、找矿方向及工作建议等方面进行研编。

铬矿团队成员为张振福、陈贺起、张志华、晁文迪、徐卫东、魏博、张子鸣、王蕾。按照中国矿产地质志项目办公室"强化数据集成，不断提高科技含量，精心设计产品体系"的要求，对已有铬矿勘查资料与科研成果进行全面收集、整理，以"述"为主，进行矿志研编。2022 年 7 月完成编制。

（二）主要成果

（1）资料收集翔实。系统全面地收集了铬矿各类成果资料，全面反映了中国铬矿的分布、数量、资源禀赋特征，系统总结了中国铬矿的发现、科研、勘查历史和开发利用情况等，分析了中国铬业的现今基本状况及其在世界上的地位，探讨了铬在新兴产业发展中的应用与趋势，为铬矿业未来的发展提出了建议。

（2）全面系统地梳理了铬矿的勘查、科研工作成果。对新中国成立前后，特别是铬矿"大会战"时期和 21 世纪以来铬矿的勘查、科研进展和成果进行了迄今为止最全面、系统的梳理。新中国成立后，从 20 世纪 50 年代起，鉴于国家对铬矿资源的迫切需求，为保证国家基本钢材和尖端工业的需要，我国铬矿地质工作者在全国开展了大规模的地质勘查和科学研究工作。1964 年，地质部组织了铬矿会战指挥部，以新疆铬矿为重点，掀起了全国铬矿找矿热潮。20 世纪 60~70 年代是我国铬矿勘查的黄金时期，先后发现了罗布莎、萨尔托海、大道尔吉等中型以上的铬矿床。我国为铬矿找矿工作所投入的人力、物力和资金巨大，除铬矿"会战"外，我国单矿种勘查仅有铁矿组织过类似的"会战"。进入 21 世纪，国务院决定开展危机矿山接替资源找矿工作，之后又相继开展了中央地勘基金铬铁矿单矿种找矿战略选区研究，以及重要矿产资源调查，取得了铬矿勘查新进展。2016 年，罗布莎铬矿区深部勘探发现 200 万吨致密块状铬矿床，实现了中国铬矿 50 年来的重大突破。豆荚状铬铁矿中"金刚石+碳硅石+自然金属"系列高压矿物组合的发现和研究，提出了铬铁矿的深部成因认识。

（3）深化了新疆萨尔托海铬矿床的地质和地球物理研究程度，系统总结其成矿模式。西北地区铬矿主要分布在新疆和青海，主要矿床类型为豆荚状铬铁矿，主要有中型矿床 2 处，分别是新疆萨尔托海铬矿和甘肃肃北大道尔吉铬矿；小型矿床 3 处及矿（化）点 127 处。此次重点剖析了西北地区 4 个典型铬矿床。其中萨尔托海铬铁矿区作为中国资源量第二大的铬铁矿，同时也是资源量最大的高铝型铬铁矿，其地质、物探等成果显示其北西部可能存在深部隐伏超基性岩体。

（4）总结论述了中国铬矿的资源保障程度，以及找矿潜力、方向和方法，指出中国铬矿勘查评价存在的关键问题和工作建议，强调了老矿山外围及深部、新地区、新类型铬矿的找矿勘查建议，为后续工作提供了科学依据。

基于我国铬矿主要类型为蛇绿岩型豆荚状铬矿的特点，地质、地球物理、地球化学、遥感、重砂测量及传统的钻探、坑探、槽探等工程技术手段的综合使用，是我国寻找铬矿的主要途径。此次总结了各类找矿方法的实例和有效性，梳理了蛇绿岩型豆荚状铬矿的地质、地球物理、地球化学和遥感勘查模型，概括和总结了铬矿的优选找矿方法；提出我国铬矿的找矿思路及找矿方向，明确西藏罗布莎等老矿区"攻深找盲""就矿找矿"的找矿方向（蛇绿岩构造岩片"就矿找矿"主要包括寻找矿带内被构造位移了的含矿岩体（岩片），以及岩体（岩片）内被构造位移了的矿体），指出在雅鲁藏布江西段、班公湖—怒江东段等新区找矿有望实现突破。

八、中国铬矿成矿规律研究与潜力预测

（一）项目基本情况

"中国铬矿成矿规律研究与潜力预测"为中国冶金地质总局科技创新项目。项目总体目标任务：搜集全国已有铬矿资料，对蛇绿岩型豆荚状铬矿成矿地质特征进行分析，总结成矿地质背景、控矿因素和成矿规律，提出找矿方向，进行资源潜力预测；优选雅江东段、西段和班公湖—怒江东段成矿有利岩体进行详细调研，采样分析，加强地质研究，总结成矿模型、分析成矿潜力；搜集哈萨克斯坦相关铬矿资料，以及铬矿供应链、产业链相关信息，跟踪国际铬矿最新勘查形势和产业布局，为铬矿资源勘查开发提供依据和信息。项目经费100万元，其中总局出资50万元，西北局自筹50万元。项目周期为2021~2022年，目前仍在进行中。

承担单位：中国冶金地质总局西北局；实施单位：中国冶金地质总局西北地质勘查院。项目负责人为张志华、张振福，主要完成人员为陈贺起、晁文迪、魏博、王利伟、徐卫东、王冠洲。

（二）主要成果

通过全国地质资料馆、西安地质调查中心、陕西省地质资料档案馆、中国知网、单位拜访、现场调研等多种渠道进行了资料收集，主要收集资料铬矿科技论文三百余份，收集《主要矿产品供需形势分析报告（2020年）》《中国铬铁矿床》《中央含矿构造岩相带蛇绿岩型豆荚状铬铁矿的找矿标志》《中国铬矿成矿规律》等书籍，收集罗布莎铬矿等各类地质科研报告近百份，建立了基础资料库。

项目组于2021年8月在雅鲁藏布江西段仲巴—札达县一带开展野外调研工作，主要对雅鲁藏布江西段当穷岩体、普兰岩体、东波岩体进行野外调研。观察岩相分带，矿体出露情况，矿体的地表延伸情况，初步了解找矿前景；共详细观察岩体3个，采集各类样品97件。项目组成员在学术交流会上做报告1次，在核心期刊上发表文章1篇，在西北地勘院微信公众号上发表铬矿科普文章5篇。并对我国铬矿勘查开发部署提出内参建议。

2022年5月底，项目组对东天山黄山南一带开展了野外实地调查和采样测试分析，在东天山黄山南一带发现了铬铁矿富矿（矿石 Cr_2O_3 品位大于32%），并认为该地区具有

进一步寻找层状铬铁矿的潜力。

第二节　铬矿专著及论文

一、专著类

1996 年，冶金工业出版社出版了《中国铬矿志》，对全国铬矿进行了详细的研究分析，该书是第一部全面、系统反映我国铬矿资源状况、勘查开发历史和当时现状的志书。

1995 年，为了系统而全面地总结铬矿地质勘查工作的经验及成果，冶金部地质勘查总局决定继《中国铁矿志》《中国锰矿志》之后，编写《中国铬矿志》。3 月 28 日在湖北宜昌市中南冶金地质研究所召开了《中国铬矿志》编写工作座谈会，在编委会的领导下，在《中国铬矿志》办公室的统一协调下，经各地勘局、院编写组及有关专家的共同努力，一部资料翔实、内容丰富、可读性强、具有指导意义的长达 50 多万字的《中国铬矿志》出版了，主编姚培慧，副主编王可南、杜春林、林镇泰、宋雄。地质矿产部全国储量管理局严铁雄和中国地质科学院白文吉、王希斌等长期从事铬矿勘查、科研工作的地质专家对该书进行了详细的评审，并提出了宝贵意见。严铁雄、白文吉两位专家还提供了不少珍贵的铬矿地质及工作照片。此外，冶金部第一地质勘查局的李治华专家仔细审阅了铬矿物探方面的内容。

《中国铬矿志》全书共分两篇：第一篇"总论"，概述了铬的性质、用途、地球化学特征，铬矿物、矿石及工业要求，我国铬矿资源与开发利用情况；叙述了我国铬矿地质特征：含铬岩体和成矿条件，铬矿建造类型和矿床成因类型，成矿带和找矿前景；综述了我国铬矿地质勘查史、勘查方法，地球物理探矿技术与应用，铬矿地质科学研究及理论发展。第二篇"各地区的铬矿床"，详细地介绍了我国 29 个铬矿床的矿区与岩体地质、矿床地质特征、矿床发现与勘查史、开采技术条件和开发利用情况。

二、科技论文

据不完全统计，冶金系统在我国各类刊物上已发表铬矿相关论文 25 篇，其中矿床地质及成矿规律内容方面 11 篇、找矿方法 4 篇、矿物学 4 篇、成矿远景及综述性文章 6 篇。重要的科学研究论文见表 5-1。

表 5-1　重要的科学研究论文

序号	论文题目	作者	发表时间	单位
1	西藏班公湖—怒江缝合带东段丁青蛇绿岩中的铬铁矿：产出特征与类型	李观龙、杨经绥、薄容众、芮会超、熊发挥、郭腾飞、张承杰	2019 年	中国冶金地质总局中南地勘院
2	班公湖—怒江成矿带铬铁矿资源潜力评价	李中、王成东	2018 年	中国冶金地质总局第二地质勘查院

序号	论文题目	作者	发表时间	单位
3	津巴布韦 Zvishavane 铬铁矿床地质特征及矿床成因	江伟华[1]、卿芸[2]、翁继平[1]、张元[1]、晏增丁[1]	2015 年	1. 中矿资源勘探股份有限公司；2. 中国冶金地质总局矿产资源研究院
4	西藏罗布莎矿区铬铁矿成矿地质特征及找矿技术进展	王锦荣、秦志平、叶盛源	2013 年	中国冶金地质总局第二地质勘查院
5	西昆仑库地蛇绿岩铬铁矿中铬尖晶石化学特征及其地质意义	乔耿彪[1]、伍跃中[1]、尹传明[2]、陈登辉[1]、赵晓健[1]	2012 年	1. 西安地质矿产研究所，国土资源部岩浆作用成矿与找矿重点实验室；2. 中国冶金地质总局新疆地质勘查院
6	西藏朗县秀沟铬铁矿高精度重磁勘探效果	刘天佑[1]、杨宇山[1]、刘建雄[2]、荀进昌[2]、苏保华[3]	2012 年	1. 中国地质大学地球物理与空间信息学院；2. 中国冶金地质总局西北地质勘查院；3. 西藏林芝腾荣矿业有限公司
7	克什克腾旗柯单山铬铁矿区成矿地质特征的探讨	陶则熙、刘丹	2007 年	中国冶金地质总局第一地质勘查院，北京化工大学经济管理学院研究生院
8	高精度磁测技术在铬铁矿勘探中的应用效果——以仁布超基性岩体为例	余中明	2006 年	中国地质大学（武汉），中国冶金地质勘查工程总局中南地质勘查院
9	西藏雅鲁藏布江铬矿资源找矿评价方向	钱应敏、刘延年	2003 年	中国冶金地质勘查工程总局中南地质勘查院
10	中国铬矿资源 2010 年保证程度与前景	杜春林	1997 年	冶金部地质勘查总局
11	铬铁矿床成因论	周永璋	1996 年	冶金部天津地质研究院
12	米易大槽层状超基性岩地质特征及成因探讨	范昭林、聂勋敏、徐德章、黄鹏	1992 年	西南冶金地质科研所
13	宁强冯家山砂岩型铬铁矿床的地质特征及成因	张建云	1991 年	西北冶金地质勘查局地调所
14	祁连山地区铬铁矿和超基性岩体的地球物理特征及物探找矿方法	曹绪宏	1990 年	中南冶金地质研究所
15	含碳铬矿团块和锰矿团块还原过程的催化	蒋国昌、徐建伦、徐匡迪	1990 年	西北冶金地质勘探公司物探三分队
16	我国铬矿的新类型——冯家山砂岩型铬铁矿床	李彤泰	1989 年	冶金部西安地质调查所
17	蛇绿岩型铬铁矿成因分类初探	王方国	1989 年	冶金部成都地质调查所

序号	论文题目	作者	发表时间	单位
18	冯家山砂岩型铬铁矿床基本地质特征	王林方	1988 年	西北有色冶金地质勘探公司711 队
19	川滇地区铬铁矿找矿前景的一些分析	王方国	1986 年	西南冶金地质研究所
20	新疆萨尔托海超基性岩体流动构造与铬铁矿成矿部位的关系	李军	1982 年	西北冶金地质勘探公司地质研究所
21	铬尖晶石的晶胞参数与成因特征	魏明秀	1980 年	桂林冶金地质研究所
22	应用铬尖晶石单矿物的化学组分评价铬铁矿矿体的延深规模	侯景儒、李惠	1973 年	桂林冶金地质研究所
23	祁连山 TZB 铬铁矿矿床基本地质特征		1973 年	甘肃冶金地质勘探公司 703 队三分队，桂林冶金地质研究所铬矿专题组
24	铬铁矿中铁的物相分析		1973 年	昆明冶金研究所分析室
25	应用铬次生晕寻找铬铁矿的初步体会		1966 年	西北冶金地质勘探公司物探三分队

（一）铬矿成矿地质特征（11 篇）

（1）李观龙，杨经绥，薄容众，芮会超，熊发挥，郭腾飞，张承杰．西藏班公湖—怒江缝合带东段丁青蛇绿岩中的铬铁矿：产出特征与类型 ［J］．中国地质，2019，46（1）：1-20。

摘要：丁青蛇绿岩体位于班公湖—怒江缝合带东段，该缝合带与雅鲁藏布江缝合带并列，是寻找我国铬铁矿床的重要地区。该蛇绿岩体呈近南东向展布，总面积近 600km^2，主要由地幔橄榄岩、辉石岩、辉长岩、辉绿岩、玄武岩、斜长花岗岩、硅质岩和泥质岩组成。根据空间分布，丁青蛇绿岩分为东、西两个岩体。在前人工作的基础上，通过地质填图、实测剖面、探槽和钻孔编录，共发现豆荚状铬铁矿矿点 83 处，其中东岩体 27 处，西岩体 56 处。根据铬铁矿产出和围岩特征，丁青铬铁矿可分为 4 种产出类型。类型Ⅰ：矿体呈脉状产出，围岩为条带状或透镜状纯橄榄岩和块状方辉橄榄岩；类型Ⅱ：矿体呈透镜状、豆荚状或不规则团块状产出，围岩为薄壳状纯橄榄岩和斑杂状或块状方辉橄榄岩；类型Ⅲ：矿体呈浸染状弥散分布于纯橄榄岩中，围岩为条带状纯橄榄岩和块状或斑杂状方辉橄榄岩；类型Ⅳ：矿体呈条带状产出，围岩为条带状或透镜状纯橄榄岩和具定向结构的方辉橄榄岩。根据矿石构造特征，主要分为块状、脉状、浸染状、浸染条带状 4 种类型。块状和脉状铬铁矿为矿石的主要类型，少量为浸染状和浸染条带状，局部纯橄榄岩中发育极少量瘤状或豆状构造。该研究选择了 13 处代表性铬铁矿点开展了详细的岩石学、矿相学、矿物学和矿物化学等工作。根据矿石中铬尖晶石的矿物化学特征，可将丁青铬铁矿矿体分为高铬（Cr#＝78%～86%）、中高铬（Cr#＝60%～74%）、中铬（Cr#＝30%～51%）和低铬（Cr#＝9%～14%）4 种类型（Cr#＝100×Cr/（Cr+Al））。丁青东岩体赋存有中高铬型和中铬型铬铁矿，缺少高铬型铬铁矿；西岩体赋存有高铬型和中铬型铬铁矿，缺少中高铬型铬铁矿。同时在丁青东、西岩体内均发现存在一种Cr#极低的铬铁矿，暂定为"低铬型铬铁矿"。这些不同类型的铬铁矿体与野外产出有一定的对应关系，也可能后者制约了它们的成因。与罗布莎岩体中的典型高铬型铬铁矿对比，丁青豆荚状铬铁矿在矿物组合和矿物化学成分等方面具有许多相似性，认为存在较大的找矿空间。

（2）江伟华，卿芸，翁继平，张元，晏增丁. 津巴布韦Zvishavane铬铁矿床地质特征及矿床成因［J］. 矿产勘查，2015，6（6）：800-805。

摘要：津巴布韦夏瓦尼（Zvishavane）铬铁矿床位于津巴布韦大岩墙南端，拥有丰富的铬铁矿资源。文章通过对夏瓦尼铬铁矿床区域地质背景、矿区矿床地质特征及找矿标志的分析，总结了矿床成因，认为矿体一般位于每个岩浆活动旋回顶部的辉石岩中或者辉石岩与方辉橄榄岩接触部位，且平行于岩层产状分布。方辉橄榄岩、辉石岩及铬铁矿在垂向上构成多个岩相韵律，与岩浆多期次脉动式的侵入及岩浆结晶分异作用的不断进行密切相关，属典型的晚期岩浆结晶分异矿床。

（3）王锦荣，秦志平，叶盛源西藏罗布莎矿区铬铁矿成矿地质特征及找矿技术进展［C］. 中国地质学会2013年学术年会论文摘要汇编——S04黑色金属勘查技术及进展分会场，2013：110-113。

摘要：总结了西藏罗布莎铬铁矿床的成矿时空分布及地质背景，包括矿体赋存特征、矿体分布特征、矿石特征、围岩蚀变特征、矿床规模及储量在内的矿区地质特征，探讨了罗布莎铬铁矿床的矿床类型与成矿模式学说，总结了该区勘查技术进展与找矿前景，认为目前罗布莎矿区的勘查深度多在400m，通过进一步完善重磁电组合物探方法与计算机解译技术，开展新一轮深部找矿工作，前景极佳，潜力巨大。

（4）乔耿彪，伍跃中，尹传明，陈登辉，赵晓健. 西昆仑库地蛇绿岩铬铁矿中铬尖晶石化学特征及其地质意义［J］. 西北地质，2012，45（4）：346-356。

摘要：库地蛇绿岩属于西昆仑早古生代蛇绿岩带，主要由变质橄榄岩、堆晶橄榄岩、基性火山岩和石英岩等组成。库地蛇绿岩体具有较好的岩相分带，其中纯橄榄岩相与辉橄岩相中产出豆荚状铬铁矿。与其他岩相对比，铬铁矿具有最高的Cr_2O_3含量、最大的Mg#值和最小的Fe#值，表明铬铁矿形成于富Mg的环境，且经历了更高程度的部分熔融。利用铬铁矿（铬尖晶石）矿物的化学成分，得出铬尖晶石的结晶温度为1366～1404℃，平均1379℃；压力为2.98～3.03GPa，平均3.00GPa；地幔部分熔融程度F为17.33%～18.84%，平均18.28%。结合已有的研究成果，推测库地蛇绿岩的基底橄榄岩单元源区为石榴石二辉橄榄岩，形成于亏损的软流圈地幔，对应的大地构造位置为消减带之上岛弧环境。

（5）陶则熙，刘丹. 克什克腾旗柯单山铬铁矿区成矿地质特征的探讨［C］//2007中国钢铁年会论文集，2007：578。

摘要：柯单山铬铁矿区位于内蒙古中部，区内显著的构造行迹是东西向和近东西向的褶皱轴面及冲断层等压性构造，该矿床属于晚期岩浆矿床中的同生弱分异矿床。

（6）范昭林，聂勋敏，徐德章，黄鹏. 米易大槽层状超基性岩地质特征及成因探讨［J］. 矿物岩石，1992(1)：46-54。

摘要：四川大槽岩体由纯橄榄岩-辉橄岩组成，具层状构造，韵律结构发育。主要造岩矿物橄榄石普遍强烈塑性变形，具地幔岩结构特征。岩石化学成分既有阿尔卑斯型，又有层状型超基性岩特点；岩体内豆荚状、层状铬铁矿并存，岩体呈现特殊的二重性特征。现认为岩体是由地幔岩部分熔融分凝后的难熔残余物组成的"晶粥"，侵位于地壳内，形成"晶粥体"，经堆积作用成岩。大槽式超基性岩是含铬层状杂岩和铬铁矿的新成因类型。

（7）张建云．宁强冯家山砂岩型铬铁矿床的地质特征及成因［J］.西北地质，1991（2）：39-43。

摘要：陕西宁强冯家山砂岩型铬铁矿是一种特殊类型的铬矿床，含矿岩石主要是石英砂岩，其次是硅质角砾岩及粉砂质绢云母板岩，局部有炭质板岩。由这些含矿岩石组成大小悬殊、形态奇异的地质块体赋存在上元古界震旦系上统底部的微晶白云岩中。该矿为机械搬运沉积而成，既与白云岩非同一时期，又与附近超基性岩体无关，其时代尚待进一步查明。

（8）李彤泰．我国铬矿的新类型——冯家山砂岩型铬铁矿床［J］.地质与勘探，1989（11）：18-22。

摘要：陕西冯家山铬铁矿矿床产于震旦系断头崖组地层中，含铬岩系以石英砂岩、砾岩为主，岩系厚2~10.5m。矿体呈层状、扁豆状，受基底白云岩侵蚀面形态控制。矿石以块状、条带状为主，铬铁矿矿物呈圆-次圆状，粒度0.1~0.3mm，分选好，属滨海相沉积砂岩型铬铁矿矿床。

（9）王林方．冯家山砂岩型铬铁矿床基本地质特征［J］.西北地质，1988（3）：19-25。

摘要：冯家山铬铁矿床是滨岸浪击地带富集形成的古砂矿床。含矿岩系为中晚元古代九道拐群上岩组碳酸盐建造中的砂岩系；具二次连续沉积旋回，各旋回的砂岩层中均有赋存有铬铁矿体，矿床虽经过变质改造，但水平层理、韵律结构等沉积构造仍较明显；矿石具典型的砂状结构，主要有用矿物为铬铁矿。

（10）李军．新疆萨尔托海超基性岩体流动构造与铬铁矿成矿部位的关系［J］.西北地质，1982（2）：23-31。

摘要：超基性岩体中铬铁矿成矿部位的预测是一个比较复杂的课题。它涉及岩体的成岩方式、岩石化学特征、成矿元素的富集规律及岩体所处的地质构造条件等多种因素。因此，在研究方法和途径上应从多方面去探讨，以期能够达到相辅相成的效果。研究超基性岩体内部构造特征是预测铬铁矿成矿部位的一个重要方面。从宏观上看，岩体内部的岩相分带、分异体和自由捕房体的分布规律、矿体的成群出现和局部集中等，都与岩体内部构造密切相关。

（11）祁连山TZB铬铁矿矿床基本地质特征［J］.地质与勘探，1973（7）：1-8。

摘要：TZB铬铁矿矿床是一个主矿体赋存在超基性岩体围岩中的矿床。本文着重介绍了矿床的地质概况、岩石特征、铬铁矿矿体（化）类型、矿石的物质成分和结构构造，认为这个矿床的特征表明，在成分大致相当于斜辉辉橄岩的含铬超基性岩浆演化的较晚阶段，可以形成活动性较强的富铬矿浆，在一定的条件下，断裂构造可以成为铬铁矿矿床的主要成矿控制因素。

（二）铬矿找矿方法（4篇）

（1）刘天佑，杨宇山，刘建雄，苟进昌，苏保华．西藏朗县秀沟铬铁矿高精度重磁勘探效果［J］．物探与化探，2012，36（3）：325-331。

摘要：2010年笔者完成了西藏朗县秀沟工区1∶5000高精度重磁勘探，重力测量总精度达0.0694mGal。根据岩矿石物性特征建立了铬铁矿地球物理模型与找矿标志。局部重力高异常0.1～0.6mGal、宽度几十米至一二百米，并且磁异常中等强度、反向磁化的重磁异常组合特征是识别铬铁矿的标志；局部重力高异常带与环状镶边的正磁异常带的组合特征是识别超基性岩带的标志。运用小波分析提取铬铁矿与超基性岩体局部重磁异常，倾斜角（tilt-angle）法识别岩体边界，Paker法密度填图及2.5D交互反演推断了蛇纹石化橄榄岩的范围及14个铬铁矿与矿化体的重磁远景异常，其中6个远景异常已经得到证实。指出在西藏进行铬铁矿勘探，不仅要求野外施工精度高，而且要求室内处理解释工作精细，应充分运用各种数据处理的新方法技术，才能够获得良好的地质效果。

（2）余中明．高精度磁测技术在铬铁矿勘探中的应用效果——以仁布超基性岩体为例［J］．地质找矿论丛，2006（S1）：165-167。

摘要：西藏仁布县仁布超基性岩体的高精度磁测综合平面图显示，以$\Delta T = 2000nT$组成的等值线闭合圈清晰地反映出超基性岩体的范围，高精度磁测异常与超基性岩体吻合。该区物探推断成果已经得到工程验证，取得良好的效果，首期已采掘铬铁矿近10000t。

（3）曹绪宏．祁连山地区铬铁矿和超基性岩体的地球物理特征及物探找矿方法［J］．地质与勘探，1990（2）：40-44。

摘要：在祁连山地区进行了广泛的地质、物探调查，对25个含铬超基性岩体，采集了1800多块物性标本，总结了祁连山地区铬铁矿、超基性岩体的地球物理特征，为评价含铬岩体和寻找铬铁矿时，提供了一些地球物理特征标志，并对我国找铬的物探方法的模式进行了探索，提出了铬铁矿找矿勘探各阶段的地质任务及所需采用的综合物探方法。

（4）应用铬次生晕寻找铬铁矿的初步体会［J］．地质与勘探，1966（4）：14-16。

摘要：西北冶金地质勘探公司物探三分队在某地超基性岩体上，应用了铬次生晕找铬铁矿。认为在山区有残坡积层覆盖的超基性岩体上这种方法效果是良好的，在选择测网时，要考虑矿床类型、矿体规模及其分布特点与次生晕分散特征，并且要注意地质和物化探工作的统一部署。

（三）铬矿的冶金矿物学（4篇）

（1）魏明秀．铬尖晶石的晶胞参数与成因特征［J］．地质科学，1980（4）：356-367。

摘要：本文从铬尖晶石的晶体化学性质研究入手，得出铬尖晶石新的晶胞公式及密度与成分的关系曲线，使得有可能通过一些物理性质，如晶胞、密度等的测定，来推断铬尖晶石的化学成分。对于世界上许多地区铬尖晶石的成因统计及在图上投影分析表明，在地槽与地台两种地质条件下形成的铬尖晶石在矿物特性上是存在明显差异的。这些差异可能为揭示上地幔元素复杂的迁移和分离过程提供一定的线索，同时也将有助于寻找与评价某些有工业价值的铬铁矿床。

（2）侯景儒，李惠．应用铬尖晶石单矿物的化学组分评价铬铁矿矿体的延深规模［J］．地质与勘探，1973（S1）：129-131。

摘要：在西北某矿区应用铬尖晶石单矿物的化学组分对 $20km^2$ 面积上大小数百个矿体（点）的规模进行了试验评价，根据 Fe、Mg、Cr 元素在矿体不同部分的分配特征，参考已知不同规模矿体的含量特征，拟定出了应用铬尖晶石单矿物化学组分评价矿体露头延伸规模的指标，认为应用该方法，综合其他资料可以对矿体露头进行评价。

（3）铬铁矿中铁的物相分析［J］. 云南冶金，1973（1）：47-50。

摘要：文章着重研究了蛇纹石与镁质铬铁矿的分相测定问题，认为利用氟化物对硅酸盐的溶解作用，在一定条件下，可以使硅酸盐矿物分离，氟化氢铵盐酸溶液分离测定蛇纹石与镁质铬铁矿中的铁效果较好。

（4）蒋国昌，徐建伦，徐匡迪. 含碳铬矿团块和锰矿团块还原过程的催化［J］. 铁合金，1990（1）：4-8。

摘要：综述了含碳铬矿团块和锰矿团块还原过程催化的研究成果。添加 $Na_2B_4O_7$ 等催化剂能促进铬矿团块的还原。其催化机理的主要观点是催化剂的加入促进了 Bondouard 反应的进行和改善了气相、固相的扩散条件。

（四）铬矿成矿远景、综述文章（6篇）

（1）李中，王成东. 班公湖—怒江成矿带铬铁矿资源潜力评价［J］. 南方企业家，2018（1）：237-238。

摘要：矿产资源是我国各个行业发展的重要支撑，因此我国开展了大规模的矿产开采工程，但建设的增多迫使我国矿产开采工程需要寻找更多的开采岩体。班公湖的怒江地段中，存在许多的青岩体及外围铬铁矿资源，基于初步的研究发现，当中蕴含着较大的矿产资源潜力，为了了解具体情况，需要对其矿资源潜力进行评估。

（2）钱应敏，刘延年. 西藏雅鲁藏布江铬矿资源找矿评价方向［C］//中国金属学会 2003 中国钢铁年会论文集（2），2003：169-173。

摘要：本文在概述雅鲁藏布江缝合带，蛇绿岩型超基性岩铬矿带地质特征及航磁异常特征基础上，结合前人勘查研究成果，提出了雅鲁藏布江铬矿资源找矿评价中，应重点评价北岩带，适度评价南岩带，兼顾评价具有开发价值的大中型以上纯橄榄岩（异离体）型贫铬矿的找矿评价方向。

（3）杜春林. 中国铬矿资源 2010 年保证程度与前景［J］. 地质与勘探，1997（2）：8-11。

摘要：至 1993 年底，我国已勘查的铬矿区有 56 处，累计探明铬矿石储量 1305.3 万吨，主要分布于西藏、新疆、内蒙古等省区。贫矿与富矿（$Cr_2O_3>32\%$）大体各占一半，多为中小型矿床。矿床成因主要为岩浆晚期矿床。冶金工业生产不锈钢是铬矿石的最大消费领域。按不锈钢与钢产量比和我国铬矿生产能力测算，2010 年只能满足国内铬矿石需求量的 15%，其余要靠进口解决。西藏是国内找铬矿的最佳远景区。

（4）周永璋. 铬铁矿床成因论［J］. 地质找矿论丛，1996（1）：44-49。

摘要：铬铁矿床成因可分为两大类：岩浆铬铁矿床和地幔变质橄榄岩残、滞留铬铁矿床。后者直接受上地幔岩熔融程度所制约。而岩浆铬铁矿床的形成除决定于上地幔岩熔融岩浆总成分外，还受岩浆分异结晶作用、岩浆就位的地质条件和规模所决定的结晶速度和状态直接影响。

（5）王方国．蛇绿岩型铬铁矿成因分类初探［J］．成都地质学院学报，1989（2）：20-27。

摘要：本文讨论了上地幔部分熔融的岩石序列、蛇绿岩的两种成因机制、铬铁矿的向下沉陷作用、铬铁矿的富铝或富铬及铬铁矿的特定赋存部位等问题。并在此基础上提出了关于蛇绿岩型铬铁矿的一个新的成因分类方案：上地幔部分熔融铬铁矿床，岩浆房结晶分异铬铁矿床和沉陷铬铁矿床。

（6）王方国．川滇地区铬铁矿找矿前景的一些分析［J］．地质找矿论丛，1986（4）：40-46。

摘要：文章总结了川滇地区地质背景，将川滇地区的基性超基性岩分为金沙江基性超基性岩带、甘孜—理塘基性超基性岩带、丹巴—渡口基性超基性岩带和哀牢山基性超基性岩带，认为川滇地区位于世界著名的铬铁矿成矿带，具有一定的产出铬铁矿的地质条件和找铬的地质前景，应设置专门的科研课题，对该区铬铁矿的找矿前景进行研究，为在本区进一步地开展铬铁矿的找矿乃至勘探工作进行可行性论证，并做好前期的资料准备。

参 考 文 献

陈艳虹，杨经绥. 2018. 豆荚状铬铁矿床研究回顾与展望. 地球科学，43（4）：991-1010.

陈甲斌，余良晖. 2020. 中美欧矿产资源形势对比分析. 北京：地质出版社.

崔雯雯. 2019. 亚熔盐铬盐清洁生产工艺中产品工程应用基础研究. 北京：中国科学院大学.

董云鹏，周鼎武，张国伟. 1996. 东秦岭松树沟蛇绿岩中超镁铁质岩及铬铁矿的成因探讨. 地质找矿论丛，（1）：33-43.

李犇. 2010. 北秦岭松树沟铬铁矿矿床和铜峪铜矿床地质地球化学与成矿动力学背景. 西安：西北大学.

黎彤. 1976. 化学元素的地球丰度. 地球化学，（3）：167-174.

卢记仁，张承信，张光弟，等. 1988. 攀西地区钒钛磁铁矿矿床的成因类型. 矿床地质，7（1）：3-15.

裴先治，王涛，王洋，等. 1999. 北秦岭晋宁期主要地质事件及其构造背景探讨. 高校地质学报，5（2）：11.

王相力，卫炜. 2020. 铬稳定同位素地球化学. 地学前缘，27（3）：78-103.

吴利仁. 1963. 论中国基性岩、超基性岩的成矿专属性. 地质科学，（1）：29-41.

徐志刚，陈毓川，王登红，等. 2008. 中国成矿区带划分方案. 北京：地质出版社.

严铁雄，张能军，任丰寿，等. 2014. 中国铬铁矿单矿种找矿战略选区研究报告.

姚凤良，孙丰月. 2006. 矿床学教程. 北京：地质出版社.

姚培慧. 1996. 中国铬矿志. 北京：冶金工业出版社.

赵青. 2015. 碱式硫酸铬清洁制备工艺的基础研究. 沈阳：东北大学.

朱明玉，王登红，李立兴，等. 2014. 中国铬矿成矿规律. 北京：地质出版社.

自然资源部. 2019. 全国矿产资源储量汇总表.

自然资源部. 2020. DZ/T 0200—2020《矿产地质勘查规范 铁、锰、铬》.

Matveev S, Ballhaus C. 2002. Role of Water in the Origin of Podiform Chromitite Deposits. Earth and Planetary Science Letters, 203（1）：235-243.